Cuadernos de lógica, epistemología y lenguaje

Volumen 6

La Lógica como Herramienta de la Razón

de la Razón

Razonamiento Ampliativo en la Creatividad, la Cognición y la Inferencia

Volumen 1
Gottlob Frege. Una introducción
Markus Stepanians. Traducción de Juan Redmond

Volumen 2
Razonamiento abductivo en lógica clásica
Fernando Soler Toscano

Volumen 3
Física: Estudios Filosóficos e Históricos
Roberto A. Martins, Guillermo Boido y Víctor Rodríguez, editores

Volumen 4
Ciencias de la Vida: Estudios Filosóficos e Históricos
Pablo Lorenzano, Lilian A.-C. Pereira Martíns, Anna Carolina K. P. Regner, eds.

Volumen 5
Lógica dinámica epistémica para la evidencialidad negativa. Las partículas

negativas lā/ ' al en ugarítico
Cristina Barés Gómez

Volumen 6
La Lógica como Herramienta de la Razón. Razonamiento Ampliativo en la
Creatividad, la Cognición y la Inferencia
Atocha Aliseda

Cuadernos de Lógica, epistemología y lenguaje
Series Editors   Shahid Rahman and Juan Redmond

La Lógica como Herramienta de la Razón

Razonamiento Ampliativo en la Creatividad, la Cognición y la Inferencia

Atocha Aliseda

Universidad Nacional Autónoma de México

© Individual author and College Publications 2014. All rights reserved. ISBN

978-1-84890-147-6

College Publications
Scientific Director: Dov Gabbay
Managing Director: Jane Spurr http://www.collegepublications.co.uk

Cover produced by Laraine Welch
Printed by Lightning Source, Milton Keynes, UK

Índice

PREFACIO[1]

En 1998, junto con Nancy J. Nersessian y Paul Thagard, organizamos en Italia el congreso *El razonamiento basado en modelos en el descubrimiento científico* (*Model-Based Reasoning in Scientific Discovery*), el primero de una larga serie de congresos dedicados al razonamiento basado en modelos (RBM). Fue en aquella ocasión cuando conocí a Atocha Aliseda y supe de su pasión por la lógica y la epistemología, y de su capacidad para despertar el interés y suscitar la admiración de quienquiera que la escuche contando la bella historia filosófica del descubrimiento científico y el razonamiento que lo sustenta. El libro que el lector tiene entre sus manos es el fruto más reciente de esa primera pasión. El título que ella le dio, *La lógica como herramienta de la razón*, revela el propósito de esta obra: cuando le damos una herramienta a alguien —o cuando le explicamos que cierto objeto es una herramienta— no sólo esperamos que con ello incremente sus capacidades, también aspiramos a que encuentre un motivo de fascinación en esas nuevas capacidades adquiridas. Si le ofrecemos a un niño una caja de herramientas nuestro objetivo no es simplemente que arregle algunas cosas y desbarate otras, también buscamos provocar asombro con esa experiencia. Como mostraré en los siguientes párrafos, Atocha Aliseda otorga al lector un obsequio similar: un recorrido muy completo y preciso por temas de la lógica y la epistemología, que comienza con una revisión de sus fundamentos epistemológicos y culmina en las alturas del pensamiento que guía su propia investigación. Un recorrido que tanto expertos como principiantes podrán seguir y comprender, y del cual tanto unos como otros saldrán beneficiados.

En este libro, el punto de partida filosófico se revela con prontitud, cuando Atocha Aliseda cita a Charles Sanders Peirce: "¿cómo son posibles, en general, los juicios sintéticos? y, aún más en general, ¿cómo es posible, de cualquier forma, el razonamiento sintético? Cuando se haya resuelto el problema general, el particular será comparativamente más simple. Ésta es la llave de la puerta de la filosofía." En los escritos de Peirce, el concepto kantiano de juicio sintético brinda la ocasión para enfocar desde una nueva perspectiva el análisis del llamado *razonamiento ampliativo*, que es aquel tipo de razonamiento que puede proporcionar "nuevo" conocimiento a los seres humanos.

---

[1] Traducción: Laura E. Manríquez.

Y todos nosotros sabemos cuán importante es para los humanos adquirir nuevo conocimiento en todas las esferas de la vida cotidiana.

Los seres humanos suelen tomar decisiones y resolver problemas basándose en información incompleta. Tener información incompleta significa que: 1) Nuestras deliberaciones y decisiones nunca son *la mejor* respuesta posible, pero al menos son satisfactorias. 2) Siempre será posible retractar las conclusiones a las que lleguemos, esto es, siempre podrán ser cuestionadas y nunca serán definitivas. Lo anterior significa que una vez que obtengamos más información acerca de cierta situación, siempre podremos revisar nuestras decisiones previas y pensar en alternativas que antes no habíamos considerado. 3) Una buena parte de nuestro trabajo consiste en elaborar *conjeturas* o *hipótesis* con el fin de obtener información más adecuada para interactuar con el mundo. Hacer conjeturas es, en esencia, un acto que en la mayoría de los casos consiste en manipular el problema que nos ocupa, y la representación que tenemos de él, de modo que a la larga podamos adquirir o crear más conocimiento "valioso", aquel que nos ayuda a explicar el mundo. Las conjeturas pueden ser el fruto de una abducción "selectiva" en la que se escoge la mejor explicación a partir de un conjunto de hipótesis almacenadas previamente; o bien de una abducción "creativa", la cual propone nuevas hipótesis como ocurre en el caso del descubrimiento científico. Para poder hacer conjeturas, los seres humanos suelen necesitar más evidencia o más información. En muchas circunstancias, esta acción cognitiva adicional es simple y sencillamente la única manera de hacer posible un razonamiento que produzca buenas "hipótesis". Algunos biólogos contemporáneos dicen que los seres humanos construyen todo el tiempo lo que ellos llaman "nichos cognitivos"; para hacerlo constantemente tienen que generar nuevos conocimientos, y adquirir conocimiento nuevo es siempre el fruto de conjeturas o de hipótesis "aventuradas".

Este nuevo libro de Aliseda, maravillosamente sintético y claro, se dedica a ilustrar el papel del razonamiento hipotético "ampliativo" en la cognición humana. El estudio de la abducción —esto es, aquella actividad cognitiva que nos permite generar nuevas hipótesis— ocupa un lugar central en la obra, pero en ella podemos encontrar mucho más. El razonamiento ampliativo se describe no sólo recurriendo al análisis del concepto mismo de abducción, sino desde varias perspectivas disciplinarias que interactúan de manera articulada: la metodología y la filosofía de la ciencia (capítulo 1), la resolución de problemas (capítulo 2), la cognición y la epistemología (capítulos 3 y 4) y la Lógica (capítulo 5).

¿En qué consiste entonces el llamado razonamiento ampliativo? Valiéndose de un enfoque histórico-crítico, la autora conduce paso a paso al lector, guiándolo en los pormenores de los distintos temas del laberinto conceptual que se requiere para analizar el problema del *avance del conocimiento* y de la generación de nuevas maneras de entender el mundo. Atocha Aliseda se plantea de inmediato la pregunta: *¿existe una lógica del descubrimiento científico?* Esta pregunta es muy útil y pertinente ya que el descubrimiento científico representa, sin duda, un caso muy importante de la cognición ampliativa. Ya desde las primeras páginas, el lector descubre rápidamente que para poder dar respuesta a esa interrogante, es necesario aprender algo más sobre las aportaciones de autores de gran peso en la historia del pensamiento filosófico. Aliseda recurre a la tradición de la *filosofía de la ciencia* como disciplina. Desde esta perspectiva y con base en un análisis riguroso, a lo largo del primer capítulo Aliseda lleva de la mano al lector por una travesía que va desde Bacon y Leibniz, hasta Peirce y el falsacionismo de Popper y Lakatos. Se esclarecen en primer lugar los conceptos de inducción, deducción y confirmación, para suministrar al lector las "herramientas" básicas que le permitan entender los argumentos que se desarrollan más adelante. El análisis enfatiza la importancia de las reflexiones que esos autores dedicaron al problema del descubrimiento científico, y al mismo tiempo muestra que este problema generalmente se describe de una manera confusa tanto desde el punto de vista de la lógica como desde la perspectiva de la metodología de la ciencia. El problema del descubrimiento científico se define a fin de cuentas como algo oscuro y que no se puede analizar desde un punto de vista "racional", mucho menos por medio de los instrumentos que proporciona la *Lógica*.

¿Qué podemos hacer ante esto? Atocha Aliseda muestra el camino para salir de este aparente callejón sin salida. A partir de una breve e iluminadora introducción a Herbert Simon y su análisis revolucionario de los conceptos de *resolución de problemas* y *heurística* (que Imre Lakatos ya había examinado y puesto de relieve), Aliseda explica por qué los procesos cognitivos que están en la base del razonamiento ampliativo no son tan oscuros ni tan difíciles de analizar como antes se imaginó; e inmediatamente después ilustra los conceptos que hacen falta para comprenderlos mejor. De hecho, es precisamente "resolviendo problemas" de una manera heurística como podemos incrementar nuestro conocimiento y, desde luego, no me refiero sólo al conocimiento científico. Es posible incluso construir sistemas inteligentes (estamos ante el nacimiento de la inteligencia artificial), a los que podemos llamar "descubridores automáticos", capaces de simular procesos creativos (los ya clásicos y famosos programas computacionales como BACON, que simula descubrimientos en física) y también programas que pueden hacer auténticos "nuevos" descubrimientos de un modo totalmente automático.

En este punto el lector ya dispone de todas las herramientas fundamentales para seguir leyendo y entender el libro. Pronto descubrirá que esas múltiples y nuevas herramientas contribuyen en su conjunto a describir teórica y conceptualmente lo que en la actualidad es un "razonamiento ampliativo". La primera herramienta es la *Lógica*, pero el lector rápidamente se dará cuenta que hay que abandonar la concepción tradicional de la lógica clásica y modificarla con miras a producir nuevos sistemas lógicos que permitan que el razonamiento ampliativo sea inteligible. Para entender en su totalidad esta "reorganización" de los dogmas de la lógica clásica, el libro invita al lector a revisar el concepto de heurística, tal como, por ejemplo, lo ha hecho Jaakko Hintikka desde su propia perspectiva lógica. Hintikka muestra la necesidad urgente que tiene la lógica de lograr una concepción más amplia y flexible de los procesos de razonamiento y las "inferencias", y por lo tanto de la "racionalidad" misma, de forma tal que se convierta en una herramienta potente capaz de explicar de un modo riguroso una gama más extensa de inferencias propias de los humanos, como son aquellas que se relacionan con el razonamiento ampliativo.

De gran ayuda es igualmente el análisis del fascinante proceso de *resolución de problemas*, como el involucrado en las demostraciones matemáticas y en otras situaciones cognitivas en las cuales entran en juego estrategias heurísticas de gran agudeza. Aquí se mencionan y se examinan acertadamente las aportaciones de George Pólya. A su vez, ese análisis conduce a mostrar cómo, gracias a Simon y sus colaboradores, se construyó una teoría computacional de la heurística. Ellos lograron acreditarse este éxito debido a la atención que prestaron a la *psicología* de agentes cognitivos concretos, los seres humanos vistos como razonadores "reales" de carne y hueso, caracterizados por sus comportamientos complejos y sofisticados tanto en los casos de descubrimientos científicos, como en las actividades cognitivas de la vida cotidiana.

¿Cómo puede ayudarnos la lógica a incrementar nuestro conocimiento de las inferencias ampliativas? Éste es el tema central que aborda Atocha Aliseda y en ello se vuelve fundamental el concepto de abducción, noción que Aristóteles introdujo, y posteriormente retomó y afinó Peirce, la cual describe la actividad cognitiva de "aventurar" hipótesis. Se analiza tanto la abducción "creativa" como la "selectiva". La primera entra en acción, por ejemplo, en el caso del descubrimiento científico; la segunda opera en el razonamiento diagnóstico, donde aun sin crear "nuevas" hipótesis, tenemos que elegir la más apropiada, la más plausible, aquella que sea la "mejor", la preferida porque explica más adecuadamente un fenómeno del mundo; por ejemplo, aquella que entre varias hipótesis diagnósticas posibles, le "atina" correctamente a la enfermedad que aqueja al paciente en un contexto médico. El concepto de abducción es precisamente el puente interdisciplinario que hace posible la realización de una auténtica *lógica* del razonamiento ampliativo. Ya inmerso en los secretos del razonamiento ampliativo, el lector aprenderá pronto que la inteligencia artificial ha creado a su vez varios métodos que pueden ayudar en la construcción de programas capaces de generar abducciones en una computadora. Al mismo tiempo, el lector sin duda advertirá que es justamente la *cognición abductiva* la que permite a los seres humanos "adquirir" nuevo conocimiento: ahora podemos reconocer que ése es el concepto que domina el libro, y de esa forma se revela como la herramienta teórica idónea para esclarecer el problema de la inferencia ampliativa. Desde la perspectiva de la inteligencia artificial, el análisis filosófico y epistemológico se vuelve finalmente "lógico".

Un modo interesante de formalizar la abducción se vislumbra en las teorías del llamado "cambio epistémico", que se describen en algunas páginas centrales del capítulo tres. Atocha Aliseda conduce al lector —insisto que el libro se presenta de una manera muy accesible para que lo pueda entender un lector cultivado, aunque no especialista— para que se aventure en un recorrido por los aspectos fundamentales de la Lógica. Este camino le permite entender con rapidez y sencillez las propiedades básicas de esta disciplina, las cuales analizan aquellas formas de razonamiento que "preservan la verdad". Sin embargo, el objetivo es claro: es necesario proporcionar las bases conceptuales para hacer patente que si queremos ver los procesos de abducción y razonamiento ampliativo desde una perspectiva lógica, entonces es necesario modificar la lógica clásica. Se invita al lector a emprender el estudio de las llamadas Lógicas No-monótonas (o No-monotónicas como otros prefieren llamarlas) y de las propiedades de estos nuevos sistemas - por ejemplo, la "minimalidad", la "consistencia", la "explicación" y otras reglas "estructurales" - las cuales permiten estudiar finalmente la *abducción como inferencia lógica*. El lector interesado también puede encontrar varias nociones elementales que se relacionan con aspectos centrales de la vigorosa investigación que actualmente prospera en el campo de la *lógica abductiva;* al cual la misma Atocha Aliseda ha hecho aportaciones fundamentales, por ejemplo, aplicar el poder demostrativo de las *tablas semánticas* a la propia abducción.

En resumen, he intentado mostrar que el libro ofrece una perspectiva coherente desde varias disciplinas para construir una visión integral sobre el papel del razonamiento ampliativo en la creatividad, la cognición y la inferencia echando mano de un análisis a profundidad de la cognición abductiva, la cual —quiero recordar— Jaakko Hintikka ya había catalogado en 1998 como el "problema fundamental de la epistemología contemporánea". Si vamos más allá de los aspectos abstractos y formales del análisis lógico, lo que Atocha Aliseda ofrece es una nueva arquitectura de la cognición abductiva según la cual ésta no se aplica exclusivamente a los "procesos de razonamiento" que la lógica y la inteligencia artificial estudian, sino que se ocupa también directamente de problemas filosóficos y epistemológicos fundamentales, como son el descubrimiento científico, el diagnóstico y la resolución de problemas. El cometido de esta obra es elaborar esta perspectiva interdisciplinaria de una manera constructiva y articulada.

Se trata de un libro cuya lectura se disfruta y que a la vez resulta gratificante, pero su rasgo más importante es que marca una nueva pauta de presentación de temas filosóficos, epistemológicos y lógicos complejos, de una manera sencilla y accesible. Lo cual representa un cambio favorable con respecto al enfoque tradicional centrado meramente en argumentos técnicos. Esta excelente obra abre la puerta a una actitud profundamente informada en filosofía, lógica y epistemología que pide a los lógicos contemporáneos hacer algo más que analizar conceptos: les exige, además, que se familiaricen con el amplio y rico caudal de investigaciones sobre las prácticas humanas de adquisición del conocimiento que se estudian en otras disciplinas. Sin duda, Atocha Aliseda ha hecho una magnífica aportación a la revitalización de la investigación sobre el razonamiento ampliativo y las "nuevas lógicas".

Para concluir señalaré que la obra ofrece un producto intelectual adicional digno de interés: el libro propone *de facto* una nueva y amplia perspectiva sobre la Lógica misma. De hecho, la analogía que Aliseda establece en el capítulo 5 entre las lógicas del razonamiento ampliativo y la lógica clásica, por una parte, y las geometrías no Euclidianas y la Euclidiana, por la otra, es tan sorprendente como concluyente: "Preguntar si los modos de razonar no clásicos son realmente *lógicos* es como preguntar si las geometrías no Euclidianas son en realidad geometrías." Y enfatiza: "Todas estas lógicas alternativas pueden encontrar su corroboración empírica, y reflejar así diferentes *modos* de razonamiento humano". De esta forma, Atocha Aliseda contribuye al exhorto que ha hecho recientemente John Woods sobre la necesidad de una "naturalización de la lógica".

¡Pero ya he dicho suficiente! Cuando ofrecemos una herramienta no queremos describirla en exceso sino, más bien, permitir que quien la reciba ponga manos a la obra. Es ahora tiempo de dejar a Atocha Aliseda y sus lectores iniciar su viaje por el mundo de *La Lógica como Herramienta de la Razón*.

Lorenzo Magnani
Director del Departamento de Filosofía Computacional
Departamento de Humanidades, Sección de Filosofía
Universidad de Pavía, Pavía, Italia

INTRODUCCIÓN

La concepción que suscribo en este libro es la de la Lógica como herramienta de la Razón. Desde los Analíticos Primeros, la Lógica ha sido considerada como una herramienta o un instrumento, un *Organon*, lo que da título a los seis trabajos sobre Lógica de Aristóteles (383-322 AC). Propuestas posteriores, como la de Bacon (1561-1626), en su obra *Novum Organon*, retoman esta perspectiva. Ya entrado el siglo XX, la Lógica consiguió el estatus de disciplina científica con un objeto de estudio bien definido y con problemas propios a resolver, pero la vieja visión instrumental persiste en nuestros días, como queda asentado en las siguientes palabras de Bertrand Russell (1872-1970):

> La lógica y las matemáticas, por más útiles que sean, son solamente un entrenamiento intelectual para el filósofo. Le ayudan a saber cómo estudiar el mundo, pero no le dan ninguna información acerca de él. (Russell, 1974, p. 9; traducción mía)

Con el fin de profundizar en la concepción de la Lógica como herramienta de la Razón, debemos fijar nuestra postura con respecto a lo que entendemos por Lógica, así como identificar las dimensiones de la Razón en las cuales nos adentraremos. Por una parte, sobre la naturaleza de la Lógica, mi postura es pluralista: considero que lo apropiado es hablar de *sistemas lógicos* que por naturaleza son múltiples y variados. Para que un sistema lógico sea considerado como tal, hay al menos dos criterios a exigir: que el sistema en cuestión sea útil para alguna aplicación teórica o práctica y que siga un cierto estándar de rigor. Sin embargo, tanto los límites de la aplicabilidad de los sistemas lógicos como el alcance de las formalizaciones son cuestiones muy controvertidas, sobre las cuales profundizaré más adelante.

Por otra parte, las dimensiones de la Razón que analizaré en este libro son las siguientes: la Razón Creativa, la Razón Cognitiva y la Razón Inferencial.[2] La Lógica es desde luego una herramienta de la razón para estudiar el mundo, como nos sugiere Russell, pero mi visión va más allá de esto. En los capítulos que siguen, argumento que el razonamiento ampliativo –aquel cu-

---

[2] Hay otras *razones* identificadas en la Filosofía y disciplinas aledañas. En todas ellas se asume que hay un cierto *método* involucrado: la Razón Pura Kantiana, la Razón Histórica de Ortega y Gasset y, por supuesto, la Razón Poética de María Zambrano.

yo resultado incrementa el conocimiento-- ocupa un lugar privilegiado en la naturaleza de la creatividad y en la cognición humana en general. Muestro que las lógicas ampliativas sirven para modelar procesos creativos involucrados en la génesis de nuevas ideas y en la generación de teorías científicas, así como para caracterizar procesos cognitivos más frecuentes y mundanos: aquellos que nos ayudan a movernos en un mundo regular, pero falible. La tercera razón –la inferencial-- es desde luego la más reconocida de las tres; prácticamente cualquier sistema lógico está estrechamente relacionado con alguna noción de inferencia. Sin embargo, lo que no es tan conocido, ni mucho menos aceptado por la comunidad académica *in extenso*, es que hay modos de inferencia ampliativos que son susceptibles de un análisis riguroso y formal. Este libro está dividido en tres secciones, y cada una corresponde a una de estas dimensiones de la Razón, que a continuación paso a describir.

La Razón Creativa

La Razón Creativa es aquella que se enciende y se pone en marcha en el proceso de invención: cuando por primera vez se concibe una idea o se descubre una nueva teoría científica. La naturaleza de la Razón Creativa toma forma en el *Menón*, diálogo que ejemplifica la doctrina de la reminiscencia de Platón (428-348 aC), según la cual "conocer es recordar". Las preguntas sobre el origen de la Razón Creativa y su justificación se relacionan con las investigaciones sobre el *razonamiento sintético*, originadas por Immanuel Kant (1724-1804) y reformuladas por Charles S. Peirce (1839-1914), como la atestigua el siguiente pasaje:

> De acuerdo con Kant, la pregunta central de la filosofía es ¿cómo son posibles los juicios sintéticos *a priori*?, pero anteriormente a esta pregunta surge la siguiente: ¿cómo son posibles, en general, los juicios sintéticos? y, aún mas general, ¿cómo es posible, de cualquier forma, el razonamiento sintético? Cuando se haya resuelto el problema general, el particular será comparativamente más simple. Ésta es la llave de la puerta de la filosofía. (CP, 5.348,[3] citado en Hookway ,1992, p. 18; traducción mía)[4]

El análisis que Peirce hace del razonamiento ampliativo, como él prefería llamarle, tiene fundamentalmente dos fines: por un lado justificar su posibilidad y por el otro, desarrollar un método para llevarlo a cabo. La respuesta

---

[3] Las citas a la obra de Charles S. Peirce compilada en los Collected Papers (ver bibliografía) se escriben así: (CP, pasaje), siguiendo la convención internacional.

[4] Peirce está fuertemente influenciado por la filosofía de Kant, y pretende extender sus categorías y corregir su Lógica.

a lo primero la encuentra Peirce en su metafísica; lo segundo es justamente de lo que se ocupa gran parte este libro, a saber, la *lógica abductiva*.[5]

El lugar de la Lógica en la Razón Creativa lo captura muy bien la siguiente pregunta: ¿*existe una lógica del descubrimiento científico*? Esta pregunta motiva mi proyecto entero de investigación, y es eje de la primera sección de este libro. Si bien esta pregunta tiene sus orígenes en la Grecia Antigua, y toma vuelo en épocas posteriores --como revisaré en la sección correspondiente--, cabe destacarla en el contexto de la Filosofía de la Ciencia contemporánea y en su adopción posterior por parte de la Psicología Cognitiva. En particular, la pregunta sobre las lógicas del descubrimiento científico es relevante en el marco de la distinción metodológica propuesta por Hans Reichenbach (1891-1953) entre el *contexto de descubrimiento* y el *contexto de justificación* (Reichenbach, 1938). Mientras que el primero tiene que ver con preguntas sobre el origen y génesis de las teorías científicas, el segundo aloja a las preguntas epistémicas y metodológicas *propias* de la Filosofía de la Ciencia, aquellas que tienen que ver con las razones y métodos que hacen verdaderas y confiables a las teorías científicas. Esta distinción de contextos es uno de los pilares sobre los que se construye "la visión heredada" en la Filosofía de la Ciencia, que se ocupa exclusivamente del contexto de justificación. Los asuntos sobre el descubrimiento en la ciencia son, si acaso, de pertinencia para la Psicología o para la Historia. La pregunta sobre las lógicas del descubrimiento científico cobra también relevancia en el hecho de que recibe otra respuesta negativa --aparentemente tajante-- en la voz de Karl Popper (1902-1994). Herbert Simon (1916-2001) es quien retoma esta pregunta desde la Psicología Cognitiva, y en un desafío frontal a la postura de Popper, ofrece una respuesta afirmativa, a través de una teoría normativa del descubrimiento científico, que incluye una serie de estrategias heurísticas para hacer funcionar a las lógicas del descubrimiento. Así, lo que está lejos del centro de atención en la Filosofía de la Ciencia es tema central en la Psicología Cognitiva.

En la primera parte de esta sección, titulada "Descubrimiento" (capítulo 1), analizaré inicialmente algunos aspectos de *La lógica de la investigación científica* de Popper con el fin de situarla en la discusión filosófica del descubrimiento

---

[5] Cf. Hookway (1992) para un análisis del aspecto metafísico del razonamiento ampliativo en Peirce.

científico. El análisis de su propuesta revela que su obra, a la luz de textos más recientes, sí apunta en dirección de algunos mecanismos fundamentales que caen en el rubro del estudio del descubrimiento. El argumento a favor de esta tesis tiene dos partes: por un lado, cuando se hace un análisis más preciso de los contextos de investigación, parece que la lógica de Popper puede ser considerada como parte del contexto de descubrimiento, y tiene además puntos de encuentro con la corriente dominante de los llamados "amigos del descubrimiento", encabezada por Simon. Sin embargo, ambas posturas difieren justamente en lo que cada una considera que es la *Lógica* del descubrimiento científico. Mientras que para Popper las ideas son generadas por el método de *Conjeturas y Refutaciones*, que es un método de 'búsqueda ciega', Simon y su equipo desarrollan una teoría robusta para sustentar la postura de que las ideas se generan mediante el método de 'búsqueda selectiva'. Esta última explicación claramente permite entender mejor cómo se pueden generar ideas nuevas y concierne a la heurística, objeto del siguiente capítulo.

En la segunda parte de esta sección, titulada "Heurística" (capítulo 2), argumento que la heurística es una forma de racionalidad. En primer lugar resalto otra respuesta a la postura de Popper, ahora de uno de sus alumnos más prominentes y a la vez rebelde: Imre Lakatos (1922-1974), quien afirma que si bien Popper ha sentado las bases de la Lógica del progreso científico, no la desarrolla. En la visión de Lakatos, la heurística es ese método del descubrimiento científico a medio camino entre la Lógica y la Psicología. A continuación rastreo los orígenes en la Grecia antigua de esta noción y presento los patrones de *análisis* y de *síntesis* como métodos de prueba. Describo el trabajo de George Pólya (1887-1985) sobre razonamiento plausible y exploro el significado de la heurística en el campo de las ciencias computacionales. Hasta aquí llega mi análisis sobre las lógicas del descubrimiento científico y de su conexión con la heurística.[6]

La Razón Cognitiva

El objeto de la segunda sección del libro, La Razón Cognitiva, se manifiesta en los procesos epistémicos de adquisición y revisión de conocimiento, y por tanto sugiere una relación estrecha entre la Lógica y la Epistemología. La división entre estas disciplinas de la Filosofía, que encontramos tan natu-

---

[6] Esta primera sección fue elaborada con base en dos artículos: "Sobre la Lógica del descubrimiento científico de Karl Popper" (2004) y "La Heurística: Una Forma de Racionalidad" (2011c), los cuales conforman ahora los capítulos 1 y 2 de este libro, respectivamente.

ral hoy en día, es relativamente nueva; aparece a fines del siglo XIX y tiene que ver con otra separación tajante, a su vez, de la Lógica y la Psicología, marcada por el creador de la Lógica Moderna: Gottlob Frege (1848-1925). Antes de este autor, la Lógica estaba fuertemente ligada al *Psicologismo*, la postura filosófica según la cual la Lógica trata acerca de las leyes del pensamiento. Frege reacciona frente a esta postura y postula que la Lógica consiste más bien en leyes normativas universales que no son psicológicas. Diseña un lenguaje lógico libre de las ambigüedades propias del lenguaje natural; un sistema tan claro y preciso como impersonal.

Otra distinción que aparece en el debate entre el Psicologismo y sus enemigos es justamente la que divide lo *normativo* de lo *descriptivo*. Desde la postura normativa, se considera entonces que la Lógica prescribe cómo es que un agente debe comportarse para ser considerado racional. En el ámbito de la Psicología Cognitiva, sin embargo, a fines del siglo pasado, se realizaron una serie de experimentos –ahora famosos y multicitados- que mostraban que los agentes no seguimos las reglas de la Lógica en nuestros razonamientos y que las inferencias que realizamos dependen más del contenido que de la forma de los argumentos. Estos resultados se han interpretado generalmente como que los agentes no somos racionales. Sin embargo, una lectura más fina de los mismos sugiere que los agentes no somos racionales de acuerdo a la Lógica Clásica (el sistema lógico de referencia en estos experimentos), pero que hay otras formas de razonamiento que, si bien no encuentran representación en la Lógica Clásica, cumplen con estándares de rigor suficientes para ser calificados como sistemas lógicos y racionales, y que ofrecen modelos que capturan cómo es que, de hecho, los agentes razonamos.[7] Estos sistemas caen justamente bajo el rubro de "Lógicas Ampliativas".

En la concepción de Peirce –a la que me apego-- no hay una división entre la Lógica y la Epistemología; ambas están integradas en la *lógica de la indagación* que desarrolla este autor. Peirce propone a la abducción como un modo de razonamiento *ampliativo* cuyo resultado añade ideas nuevas al conocimiento. En contraste, la deducción es analítica, un modo de inferencia explicativa, ya que la información de la conclusión está ya contenida en las premisas. La inducción (enumerativa) es también considerada por Peirce como un modo de inferencia ampliativa, aunque no puramente sintética (CP, 5.170).

---

[7] De todas maneras, hay que reconocer que estos experimentos a los que me he referido y otros estudios relacionados resaltan que hay aspectos de índole social y cultural que influyen en nuestros razonamientos y en las decisiones que realizamos a partir de ellas.

Estos tres modos de razonamiento (abducción, inducción, deducción) forman parte de una secuencia, donde cada uno representa una de las tres etapas en toda indagación cognitiva.

En la primera parte de esta sección, titulada "Conocimiento" (capítulo 3), nos adentramos en la filosofía Peirceana, con particular énfasis en su propuesta sobre el razonamiento abductivo. Para entender la abducción en el ámbito de la cognición analizo la epistemología de Peirce, que da cuenta de ese tránsito constante entre los estados de duda y creencia. Propongo que la abducción en Peirce es un proceso epistémico de adquisición de conocimiento. Esta concepción de la abducción como proceso epistémico muestra que la forma lógica abductiva va más allá de la forma lógica de un argumento. Tiene, además, conexiones directas e interesantes con teorías de cambio epistémico en la Inteligencia Artificial, las cuales también describo.

En la segunda parte de esta sección, titulada "Expectativas" (capítulo 4), sigo la línea de pensamiento según la cual los modos de razonamiento son representaciones de estrategias cognitivas. Estudio las expectativas de un agente en tanto piezas de información que le permiten interactuar con el mundo. Sugiero que la inducción y la abducción son dos estrategias que modelan la "construcción" de expectativas y la "detección" de conflictos entre ellas, respectivamente.[8]

La Razón Inferencial

Una vez que argumentamos a favor de la concepción de la Lógica como herramienta de la Razón en sus dimensiones Creativa y Cognitiva, nos enfrentamos al reto de diseñar sistemas lógicos que capturen algunos aspectos de estas dimensiones; ésta meta es la motivación que subyace a esta tercera sección.

En los capítulos anteriores no he entrado en tecnicismos lógicos, y por tanto he podido hacer el material lo más accesible posible para un público que no esté necesariamente familiarizado con la Lógica. Este capítulo tendrá que ser

---

[8] Esta segunda sección fue elaborada fundamentalmente con base en los siguientes artículos: "La Abducción como Cambio Epistémico: Charles S. Peirce y Teorías Epistémicas en Inteligencia Artificial" (1998) y la entrada "Abducción" (2011a) del Compendio de Lógica, Argumentación y Retórica, los cuales componen el capítulo 3. El artículo "Sobre la Lógica de las Expectativas" (2011b), junto con "Emerge una nueva disciplina: las ciencias cognitivas" (2007) y la nota "La Desilusión del Guajolote o la Lógica Inductiva" (2008) conforman el capítulo 4.

la excepción. Hice la presentación lo más accesible que pude, pero me vi forzada a asumir un mínimo de conocimiento lógico con el fin de poder apreciar en su totalidad la caracterización que ofrezco de la abducción como inferencia lógica.[9] A continuación paso a describir el contexto general en el que la Lógica se manifiesta en la Razón Inferencial, haciendo un énfasis especial en la inferencia abductiva.

Desde una perspectiva amplia, la Lógica trata con formas generales de razonamiento, ya sea humano, animal o automático. Esto es, con formas en las que a partir de cierta información que ya tenemos, las premisas $(P_1, \ldots, P_n)$, se infiere otra información: una conclusión (C). Por consiguiente, el razonamiento se modela generalmente con un formato inferencial:

$$P_1, \ldots, P_n \Rightarrow C$$

La Lógica analiza y genera una serie de métodos para manipular información representada en esta forma inferencial. El tipo de razonamiento por excelencia que se ha modelado en este formato es el deductivo, y es el punto de referencia para estudiar otros tipos de razonamiento. Hay dos características de la deducción que serán fundamentales para distinguirla de la abducción. La primera de ellas es la certidumbre. La caracterización de "validez deductiva" establece una conexión necesaria entre las premisas y la conclusión: "si las premisas son verdaderas, la conclusión *necesariamente* lo es". Por tanto, el razonamiento deductivo produce conclusiones absolutamente certeras, que además preservan su validez aunque se obtenga información adicional. Esto es, las conclusiones no son invalidadas por el descubrimiento de nuevos teoremas o por nuevos axiomas. Esto da lugar a una propiedad metalógica de la deducción, la *monotonía*, la cual caracterizaré formalmente en su sección correspondiente.

La segunda característica se refiere a la *dirección* del razonamiento. La deducción modela la inferencia lógica que obtiene como resultado una conclusión a partir de un conjunto de premisas. Esta dirección de razonamiento "hacia adelante" (indicada con la flecha: $\Rightarrow$) es paradigmática de la tradición matemática: los teoremas se prueban a partir de un conjunto de axiomas y reglas de inferencia que dictan cómo obtener el siguiente paso de la derivación. Así, la inferencia deductiva es la que caracteriza al razonamiento en

---

[9] Para propuestas mías que profundizan en los sistemas lógicos abductivos, véase Aliseda (2006) y otras publicaciones más recientes en revistas especializadas en Lógica.

matemáticas, se conoce como Lógica Matemática y toma algunas de sus formas en dos sistemas lógicos muy conocidos: la Lógica Proposicional y la Lógica de Predicados (o de Primer Orden).

Hay otros modos de razonamiento que no son absolutamente certeros y que no comparten con la deducción las propiedades de monotonía o de dirección inferencial hacia adelante. Aunque no ha sido tan atractivo ni fácil formalizarlos, no por ello pierden su importancia como formas de inferir información en las ciencias empíricas y en las humanidades. Tal es el caso del razonamiento explicativo, de la abducción. En un sentido muy amplio, la abducción es el proceso de razonamiento para explicar observaciones sorprendentes. Un ejemplo típico se encuentra en el área de diagnóstico médico. Cuando una doctora observa un síntoma, construye una hipótesis sobre las posibles causas de la condición que aqueja a su paciente, basándose en gran parte en su conocimiento de las relaciones causales entre patologías y síntomas.

El esquema lógico de la abducción puede verse como una relación entre tres elementos:

$$\theta, \alpha \Rightarrow \varphi$$

La observación o creencia φ, la explicación abductiva α y la teoría θ de trasfondo. Mostramos el formato inferencial con la flecha "hacia adelante", aunque es claro que en este caso el dato de entrada es la conclusión φ y lo que se quiere inferir es la explicación α, misma que junto con θ constituyen el *explananda* del *explanandum* φ. Además, hay tres parámetros principales que determinan tipos de abducción: i) el parámetro inferencial ($\Rightarrow$) que determina la relación lógica entre *explanandum* φ y *explananda* (la teoría de trasfondo θ y la explicación α). Esta relación puede ser la de consecuencia lógica clásica, una inferencia estadística o incluso algún tipo de inferencia no clásica; ii) los detonadores abductivos: φ puede ser un fenómeno novedoso o bien puede estar en conflicto con la teoría; iii) finalmente, las 'salidas' α son los diversos productos de los procesos abductivos: hechos, reglas e incluso teorías. Además de estos parámetros, para ciertos tipos de abducción se toman en cuenta las condiciones adicionales de consistencia y de preferencia (o minimalidad), como veremos en su sección correspondiente.[10]

---

[10] El tercer tipo de razonamiento, de acuerdo con Peirce, es el razonamiento inductivo. En la inferencia inductiva la relación entre premisas y conclusión es probabilís-

En el capítulo único de esta sección, titulado "Razonamiento" (capítulo 5), me enfrento primero con la pregunta sobre la demarcación en lógica, la cual apunta a investigar criterios para distinguir, entre los sistemas formales, los sistemas lógicos de los que no lo son. Abordo esta pregunta desde el enfoque axiomático de las lógicas no-monótonas en Inteligencia Artificial. Si bien este enfoque no resuelve el problema de la demarcación, al menos ayuda a formular esta pregunta de manera rigurosa y precisa. Usando estos métodos generales para estudiar inferencias lógicas, analizo a la abducción como una noción inferencial abstracta y propongo una caracterización de este tipo de razonamiento. Este tipo de análisis nos lleva a la discusión de si las inferencias abductivas pueden de hecho considerarse como lógicas; concluyo que la inferencia abductiva puede capturarse en un sistema lógico, que cumple con los estándares de utilidad y de rigor y que es, por tanto, tan racional como lógico.[11]

Motivación y agradecimientos
La motivación principal para preparar este libro parte de mi convicción de que la difusión de la investigación original es esencial en nuestra comunidad lingüística. Si bien hoy día el inglés es el idioma dominante en la academia, y para nosotros, los Lógicos, esto ha sido fundamental para estrechar lazos académicos entre especialistas de diversas lenguas, es de igual importancia promover y fomentar la difusión de la investigación en español. Este idioma se habla en una región considerable de nuestro planeta, y existe ya una comunidad filosófica iberoamericana consolidada. Asimismo, la difusión en español permite acercar a los estudiantes, especialmente a los de licenciatura, a temas y literatura relevante en nuestro idioma.[12]

Otra motivación para preparar este libro parte mi interés por presentar mis artículos más representativos en español, articulados alrededor de mi concepción de la Lógica; a saber, que es una herramienta de la Razón en sus dimensiones Creativa, Cognitiva e Inferencial. Para tal fin, cada uno de los artículos originales ha sido modificado y, en su caso, actualizado con un aná-

---

tica; la conclusión se deriva de las premisas sólo con un cierto grado de probabilidad. En el capítulo 4 profundizaré un poco más sobre este modo de inferencia.
[11] Esta tercera sección que constituye el capítulo 5 fue elaborada con base en los siguientes artículos: "Lógica: El problema de la demarcación" (2005) y "Lógica y Razonamiento: El caso de la Lógica Abductiva" (2001).
[12] En el caso de este libro, cuando la obra consultada existe en español, se hace referencia a ella en las citas y en la bibliografía. En caso contrario, las traducciones a las citas son mías.

lisis y referencias más recientes. Aprovecho para agradecer tanto a los editores de las revistas *Analogía Filosófica, Estudios Filosóficos* y *Signos Filosóficos* como a los editores del libro *Racionalidad en Ciencia y Tecnología. Nuevas perspectivas iberoamericanas*, sus permisos para usar mis textos ya publicados. Asimismo, es un placer contar con este espacio en la serie *Cuadernos de lógica, epistemología y lenguaje* de College Publications del King´s College, editorial que concede a sus autores plenos derechos. Agradezco a Shahid Rahman y a Juan Redmond, directores de la serie, por su gran disposición en todo momento. Al dictaminador anónimo, le agradezco sus comentarios y muy particularmente su sugerencia sobre la modificación del título originalmente propuesto.

Agradezco a todos mis colegas, y menciono de manera especial a aquellos que marcaron los caminos que he recorrido en la construcción de este libro, los cuales van desde los foros donde presenté las ideas que le dieron origen hasta las revistas y libros en donde aparecieron publicadas: Johan van Benthem, Mauricio Beuchot, , Donald Gillies, Valeriano Iranzo, Theo Kuipers, Mara Manzano, Alfredo Marcos, Ángel Nepomuceno, Jaime Nubiola, Itala D´Ottaviano, Ana Rosa Pérez Ransanz, Rafael Pérez y Pérez, Luis Vega y Ambrosio Velasco Gómez. A Lorenzo Magnani le agradezco además su disposición a escribir el prefacio de este libro. A Rodolfo, las gracias por todo su apoyo y cariño de siempre.

Finalmente, pero no por ello menos importante, dedico este libro a todos los estudiantes a quienes he tenido la oportunidad de enseñar; algunas de las ideas de este libro se han gestado precisamente en la preparación de mis cursos y en el salón de clase.

Atocha Aliseda[13]

---

[13] La preparación de este libro se realizó parcialmente bajo el auspicio del proyecto de investigación "Lógicas del descubrimiento, heurística y creatividad en las ciencias" (PAPIIT, IN400514-3) de la Universidad Nacional Autónoma de México.

I CREATIVIDAD

1 DESCUBRIMIENTO

> Es evidente que nunca se podrá
> explicar plenamente una acción creadora.
> (Popper, 1974, p. 169)

1.1 Investigación científica: sus contextos

La bibliografía sobre el tema del descubrimiento científico es asombrosamente confusa, lo cual se debe en gran parte a la ambigüedad y la complejidad de las nociones involucradas. El proceso que comienza con la concepción de una idea que eventualmente conduce a una nueva teoría científica es sumamente complicado; involucra una serie de procesos intermedios que incluyen la consideración primera de una idea, su evaluación inicial, quizá la introducción de ideas más finas que son a su vez evaluadas o incluso reemplazadas por otras más que invitan a modificar la idea original. Este proceso en su totalidad está sujeto a división, pero naturalmente nos enfrenta al problema de cómo suministrar una división apropiada.

La distinción contemporánea entre el contexto de descubrimiento y el contexto de justificación proporciona una división tentativa.[14] Dicha división suele presuponer que el segundo (contexto de justificación) tiene que ver exclusivamente con el llamado "informe de investigación concluido" de una teoría y así ciertamente deja amplio espacio al primero, el contexto de descubrimiento. Con el fin de poner un poco de orden y dar cierta claridad al estudio del proceso de descubrimiento científico en general, por un lado, varios autores identifican un paso intermedio entre ambos extremos: la concepción y la justificación de una nueva idea. Uno de ellos es la fase de "trabajo con ideas" (Savary, 1995) y otro es el "contexto del quehacer" como un "submundo" entre los dos contextos (Laudan, 1980, p. 174). Larry Laudan (1941-) además introduce otra dimensión en el estudio del contexto de descubrimiento que consiste en distinguir entre un punto de vista *restringido* y otro *amplio*. El primero considera que los problemas de descubrimiento son

---

[14] Como ya he mencionado en la introducción, esta distinción la introduce Reichenbach en la década de los años 30 del siglo XX; ahora aprovecho para añadir que tiene antecedentes en los trabajos de Rudolf Carnap y Moritz Schlick. En el siglo XIX se remonta a la obras de Edmund Husserl, Gottlob Frege, Morris Cohen y John Herschel. Incluso podría remontarse a Immanuel Kant, Euclides y Aristóteles.

aquellos que tienen que ver exclusivamente con la concepción inicial de una idea; mientras que el segundo es aquel que aborda el proceso global partiendo de la concepción de una nueva idea hasta llegar a su planteamiento como una idea sujeta a justificación última.

Por otro lado, extender las fronteras del contexto de justificación para que también trate lo relacionado con la evaluación, en especial cuando la verdad de una teoría no es lo único que nos interesa, es otra manera de proceder. Una consecuencia de esta visión es la propuesta de Theo Kuipers (1947-), quien rebautiza el contexto de justificación como 'contexto de evaluación' (Kuipers, 2000, p. 132). Otro nombre es el que introduce Alan Musgrave (1940-), quien prefiere llamarlo 'contexto de apreciación' (Musgrave, 1989, p. 20). Según este último punto de vista, el contexto de descubrimiento recibe, a su vez, el nuevo nombre de 'contexto de invención', a fin de evitar la aparente contradicción que surge cuando hablamos del descubrimiento de una hipótesis, ya que 'descubrimiento' es una palabra que denota éxito y que presupone que lo que se descubre tiene que ser cierto.

Por consiguiente, la división original entre el contexto de descubrimiento y el de justificación no sólo puede seguir subdividiéndose, sino que también es claro que sus fronteras no estén tan nítidamente definidas. Otro asunto aparte que tiene que ver con todos estos contextos de investigación es el que atañe a indagar si el contexto de descubrimiento o cualquier otro contexto que se quiera, es susceptible de reflexión filosófica y si se presta a un análisis lógico. Este último punto es precisamente lo que me concierne en este libro.

1.2 ¿Existe una Lógica del descubrimiento científico?
Historia
Se puede ofrecer un análisis crítico sobre la pregunta de la búsqueda de una lógica del descubrimiento partiendo de un punto de vista histórico como ya lo ha hecho Laudan (Laudan, 1980). En su artículo "Why was the logic of discovery abandoned?" se ocupa del descubrimiento en su sentido restringido, postura según la cual los problemas de descubrimiento son aquellos que tienen que ver exclusivamente con la concepción inicial de una idea. Identifica tres periodos en la evolución de la empresa global que abarcan desde la antigüedad hasta el siglo XIX. El primero y el segundo de ellos (de la antigüedad a 1750 y de 1750 a 1820, respectivamente) se caracterizaron por la búsqueda de una lógica que sirviera tanto a los propósitos del descubrimiento como de la justificación de teorías y ambos sustentaban una postura infa-

libilista en cuanto al problema de la fundamentación sólida del conocimiento. La principal diferencia entre estos periodos se encuentra en el objeto de estudio de la ciencia, algo que a su vez determina el tipo de lógica que se ha de elaborar. En el primer periodo, los investigadores se centraron principalmente en la caracterización de leyes empíricas, tales como "todos los gases se expanden cuando se calientan", en el descubrimiento de enunciados universales concernientes sólo a entidades observables. La lógica correspondiente era inductiva. No fue sino hasta el decenio de 1750 cuando varios científicos y filósofos se interesaron en modelar también el descubrimiento de teorías explicativas, las que atañen a entidades teóricas. Con este propósito, se requería un mecanismo lógico mucho más complejo que el de la inducción enumerativa. La idea de aproximación a la verdad estaba detrás de la concepción de estas lógicas, y en consecuencia fueron tildadas de 'lógicas autocorrectivas'.[15] De modo que, hasta ese momento, se buscaba una lógica del descubrimiento y la justificación que preservara la verdad para garantizar el conocimiento infalible.

La transición del segundo al tercer periodo (1820–1830) se dio mediante un cambio importante de punto de vista en cuanto a la legitimación del conocimiento; a saber, mediante un cambio del infalibilismo al falibilismo. Por consiguiente, más o menos a mediados del siglo XIX, se abandonó la empresa de una lógica del descubrimiento y se reemplazó con la búsqueda exclusiva de una lógica de la justificación, una lógica de la evaluación *post hoc*.

Ésta es una reconstrucción aproximada e incompleta del análisis histórico que hace Laudan. Entre otras cosas, él argumenta que los intentos recientes por revivir la búsqueda de una lógica del descubrimiento no tienen bases claras ya que el giro hacia una lógica de la justificación hizo que la búsqueda de una lógica del descubrimiento se volviera "epistemológicamente irrelevante". Mi reacción a esta afirmación es que la pertinencia de una lógica del descubrimiento hoy día no debe fundarse en bases epistemológicas, sino más bien en aspectos heurísticos, como lo argumentaré en el siguiente capítulo.[16] A continuación me interesa complementar el análisis crítico histórico

---

[15] Estas lógicas suelen comprender una teoría de base (consistente en leyes), condiciones iniciales y una observación relevante. La meta de este aparato lógico era producir una teoría mejor y más verdadera que la anterior (de base).

[16] Nótese además que esta afirmación tiene poco más de treinta años. En mi opinión muestra además que hoy día las fronteras entre la epistemología, la lógica y la propia heurística se han ido desdibujando, lo que sugiere una situación parecida al la

de Laudan con el mío, que se basa en la división de la pregunta sobre una lógica del descubrimiento en otras tres, cada una de las cuales toma en cuenta uno de los siguientes tres aspectos: su propósito, su quehacer y su logro.

Las preguntas subyacentes: propósito, quehacer y logro

El propósito de una lógica del descubrimiento incumbe a la meta última que las investigaciones dedicadas a esta empresa desean lograr a fin de cuentas y la respuesta afirmativa (negativa) a la pregunta de si tal lógica existe se basa en buena medida en ideales filosóficos. El quehacer de una lógica del descubrimiento se ocupa de las actividades a las que se dedican los investigadores del área para alcanzar sus metas, y la respuesta a tal pregunta se da en la forma de propuestas concretas de lógicas del descubrimiento. Finalmente, el logro de una lógica del descubrimiento proporciona una evaluación entre aspectos previos de si lo que realmente se logra está a la altura de su propósito. Esta división en tres preguntas permite evaluar las propuestas existentes sobre la lógica del descubrimiento en cuanto a su coherencia y también ofrece una distinción más fina para comparar propuestas rivales, ya que pueden coincidir en una pregunta y disentir en las demás.

En el primer periodo antes identificado (de la antigüedad a mediados del siglo XIX), el propósito de una lógica del descubrimiento se guió por un ideal filosófico muy fuerte: encontrar un sistema universal que captara la manera en que razonan los seres humanos en la ciencia, incluido todo el espectro, desde la concepción inicial de nuevas ideas hasta su justificación última. Siguiendo el espíritu de la *Characteristica Universalis* de Gottfried Wilhelm Leibniz (1646-1716), este ideal fue el motor detrás del fin último de encontrar una lógica del descubrimiento.[17] En cuanto a la pregunta respecto del quehacer, el método desarrollado fue el de la inducción, mismo que da lugar a propuestas como la "inducción eliminativa" de Francis Bacon (1561-1626), el cual es de hecho un método para la selección de hipótesis. Por lo tanto,

---

del siglo XIX, al menos en lo que respecta a las lógicas del descubrimiento científico.

[17] Leibniz es uno de los inventores –conjuntamente con Newton— del cálculo diferencial e integral. La notación que construyó para su cálculo lo hizo soñar con la existencia de máquinas que hicieran operaciones para los humanos. Sus sueños fueron mucho más ambiciosos y los intentó hacer realidad con una "idea maravillosa", como él mismo la llamó: construir un alfabeto del pensamiento, donde cada símbolo representara un concepto y que contara con herramientas para la manipulación de símbolos; algo así como un álgebra del pensamiento. Al sistema de caracteres lo llamó *characteristica universalis* y al sistema asociado para la manipulación simbólica, *calculus ratiotinator*.

en lo que respecta a la pregunta del logro de una lógica del descubrimiento en este periodo, los productos resultantes de su propósito capturaron sólo en una escala muy pequeña lo que se pretendía, y por lo tanto es justo decir que el proyecto no fue coherente en cuanto a lo que se buscaba y lo que se encontró a fin de cuentas. Se puede ofrecer un análisis similar del segundo periodo.

En el tercer periodo, la pregunta original del propósito se desvaneció por el avance del falibilismo, pues entonces quedó claro que un cálculo universal al que todas las ideas pudiesen ser traducidas y mediante el cual los argumentos intelectuales se plantearan de manera concluyente era una meta imposible de alcanzar. La pregunta que se buscaba tenía que ver, más bien, con una lógica de la justificación. En consecuencia, la pregunta del quehacer se centró en el desarrollo de explicaciones sobre estos asuntos, brindando así armonía entre la meta y los hallazgos, y así la pregunta del logro juzga este periodo como coherente.

Sin embargo, no se descartó por completo el objetivo de encontrar una lógica que examinara la concepción de ideas nuevas, como se observó posteriormente en la obra de Peirce y de otros, pero esta línea de investigación ha seguido siendo incoherente en cuanto a la pregunta del logro. Por absurda que parezca esta postura, sigue siendo el ideal al que se aferran los "amigos del descubrimiento"; un análisis más cercano del planteamiento ayudará a interpretar su postura. Nos limitaremos a examinar la postura de Simon,[18] pero antes de esto, nos concentraremos en exponer la propuesta de Popper.

1.3 Karl Popper y su *Lógica de la Investigación Científica*

Es un hecho poco afortunado aunque interesante que la *Logik der Forschung* de Popper, publicada originalmente en alemán en 1934, se haya traducido al inglés y publicado 25 años más tarde como *The Logic of Scientific Discovery*. Una traducción al inglés más precisa habría sido: *The Logic of Scientific Research*, como se hizo en las versiones en otras lenguas como el español: *La Lógica de la Investigación Científica*.

Una razón por la que fue poco afortunado radica en el hecho de que varios especialistas reconocidos (Simon y Laudan entre otros) han acusado a Pop-

---

[18] Aunque hay varias particularidades acerca de la propuesta de Simon con respecto a todas las demás, en general sus tesis reflejan el espíritu general del proyecto sobre la búsqueda de una lógica del descubrimiento. En cualquier caso, mis tesis se basan fundamentalmente en Simon (1973a, 1973b).

per de haber negado la materia misma de lo que el título de su libro sugiere, algo así como una empresa lógica que incursiona en la epistemología del descubrimiento de teorías científicas. Estos reclamos están firmemente fundados en la postura establecida de que, para Popper, la metodología científica se ocupa principalmente de la contrastación de teorías y este planteamiento deja claramente fuera de su campo de acción problemas que tienen que ver con el descubrimiento. Para aquellos filósofos de la ciencia interesados en los procesos de descubrimiento así como en otros métodos de indagación científica más allá del terreno de la justificación, parece natural dejar a Popper fuera y tomar el reclamo antes planteado sobre el título simplemente como una confusión originada a partir de la traducción al inglés.

Sin embargo, al examinar más de cerca la filosofía popperiana, se suscita otra confusión cuando encontramos en una publicación posterior que su visión va más allá de los temas de la justificación y que se ocupa precisamente del descubrimiento y avance[19] de la ciencia, tal como lo demuestra el siguiente pasaje:

> [...] la ciencia debería verse como un *progreso constante de problemas a problemas;* a problemas de profundidad cada vez mayor. Porque una teoría científica —una teoría explicativa— es, cuando mucho, un intento para resolver un problema científico; es decir, un problema que se refiere o se vincula al descubrimiento de una explicación. (Popper, 1960b, p. 196)

Este punto de vista concuerda con el famoso eslogan de Simon: "*el razonamiento científico es resolución de problemas*" formulado en el campo de la investigación en psicología cognitiva e inteligencia artificial; afirmación también propuesta por Laudan en el terreno de la filosofía de la ciencia. Además, parece que Popper estaba satisfecho con el título en inglés de su libro, pues

---

[19] Otra traducción que es complicada en el contexto de la Filosofía de la Ciencia es la que captura la expresión: "growth of knowledege". La encontramos generalmente como "desarrollo del conocimiento" o como "crecimiento del conocimiento". En mi opinión, "avance del conocimiento" es la traducción que mejor captura la idea de que lo que lo se sabe es cada vez más, aunque no tenga que ser medido en un sentido vertical o expansivo. Por tanto, "avance" es la palabra que escojo para traducir "growth", aunque no podré usarla en los pasajes donde cito a la obra de Popper en alguna de sus traducciones al español, claro está.

siendo, como era, un obsesivo lector de pruebas de su propio trabajo, no hizo ninguna observación al respecto.[20]

Por otra parte, llama la atención que en la bibliografía computacional de simulación de procesos de descubrimiento científico, algunas de las ideas fundamentales de Popper se implementan. Un ejemplo de ello es el requisito que permite caracterizar una teoría como "científica" cuando se somete a refutación; el cual se traduce en el criterio de adecuación (*FITness*)[21] e interviene en el proceso de generación de teorías, pues una teoría propuesta sólo sobrevive si puede ser refutada en un número finito de casos[22] (Simon, 1973b).

Por consiguiente, la aparente inexactitud en la traducción de *The Logic of Scientific Discovery* de Popper es también un hecho interesante que pide ser puesto en duda aún más. El objetivo del resto del capítulo es justamente el de dilucidar algunos aspectos de la lógica de la investigación de Popper y situarla en la discusión filosófica actual del descubrimiento científico. Un análisis más cercano de su propuesta revela que su obra, a la luz de textos más recientes, sí apunta en la dirección de algunos mecanismos fundamentales que caen en el rubro del estudio del descubrimiento. El argumento en favor de esta tesis tiene dos partes: por un lado, cuando se hace un análisis más fino de los contextos de investigación, parece que la lógica de Popper puede ser considerada como parte del contexto de descubrimiento, y, por el

---

[20] Popper aprovechó todas las oportunidades para esclarecer las tesis y términos que presentó en su Logik der Forschung, como lo demuestran una gran cantidad de notas a pie de página y nuevos apéndices agregados a The Logic of Scientific Discovery, así como las múltiples observaciones encontradas en publicaciones posteriores. Por ejemplo, en referencia a su "Postscript: After Twenty Years", Popper relata lo siguiente: "En este Postscript analizaba y desarrollaba los principales problemas y soluciones discutidos en la Logik der Forschung. Por ejemplo, subrayaba que yo *había* rechazado todos los intentos de justificación de teorías, y que había reemplazado justificación por crítica [de teorías]" (Popper, 2007, p. 196).

[21] Por sus siglas en inglés, las teorías FIT son aquellas Finitas e Irrevocablemente Corroborables.

[22] En un sentido estricto, el criterio de adecuación se usa en la verificación de teorías. Sin embargo, en la postura procedimental de Simon, los procesos de generación y verificación se vinculan estrechamente, pues una teoría se genera en la medida en que se va verificando (al menos en la explicación impulsada por la teoría). No hay que olvidar además que Simon presenta este criterio señalando que está basado en Popper, pero que también se adhiere al "falsacionismo metodológico" de Lakatos (véase Simon, 1973b, nota 3, p. 420).

otro, su explicación sobre el avance del conocimiento mediante el método de conjeturas y refutaciones coincide con la corriente dominante de los "amigos del descubrimiento", al menos en lo que respecta a la obra de Simon.

El Descubrimiento

La idea común sobre la postura de Popper afirma que los problemas de descubrimiento no pueden ser estudiados dentro de las fronteras de la metodología, pues él niega explícitamente la existencia de una explicación lógica de los procesos de descubrimiento, y considera que su estudio es un asunto que compete a la psicología. Esta postura está respaldada por el siguiente -- multicitado-- pasaje:

> En consecuencia, distinguiré netamente entre el proceso de concebir una idea nueva y los métodos y resultados de su examen lógico. En cuanto a la tarea de la lógica del conocimiento —que he contrapuesto a la psicología del mismo—, me basaré en el supuesto de que consiste pura y exclusivamente en la investigación de los métodos empleados en las contrastaciones sistemáticas a que debe someterse toda idea nueva antes de que se la pueda sostener seriamente.

> Algunos objetarán, tal vez, que sería más pertinente considerar como ocupación propia de la epistemología la fabricación de lo que se ha llamado una <<*reconstrucción racional*>> de los pasos que han llevado al científico al descubrimiento, a encontrar una nueva verdad. [...] Pero esta reconstrucción no habrá de describir tales procesos según acontecen realmente: sólo puede dar un esqueleto lógico del procedimiento de contrastar. Y tal vez esto es todo lo que quieren decir los que hablan de una <<reconstrucción racional>> de los medios por los que adquirimos conocimientos.

> Ocurre que los razonamientos expuestos en este libro son enteramente independientes de este problema. Sin embargo, mi opinión del asunto —valga lo que valiere— es que no existe, en absoluto, un método lógico de tener nuevas ideas, ni una reconstrucción lógica de este proceso. (Popper, 1962, p. 38-39)

Antes que nada, no debería causar ninguna sorpresa que la postura de Popper mantenga un lugar en la discusión de los problemas de descubrimiento, pues los objetos de su análisis son precisamente las ideas auténticamente nuevas. Además, deberíamos subrayar que Popper establece una clara división entre dos procesos: la concepción de una idea nueva y las contrastaciones sistemáticas a las cuales una idea nueva debería someterse y a la luz de esta división, plantea la afirmación de que no el primero pero sí el segundo es susceptible de análisis lógico.

El avance del conocimiento científico

Para Popper, el avance del conocimiento científico fue el problema epistemológico más importante. Su postura falibilista le dio la clave para reformular el problema tradicional de la epistemología, que se centra en la reflexión sobre las fuentes de nuestro conocimiento. Formulada de esta manera, Popper considera que esta pregunta es de origen y que pide una respuesta autoritaria, independientemente de que su respuesta se sitúe en nuestras observaciones o en algunas aseveraciones fundamentales que yacen en el núcleo de nuestro conocimiento. Popper propone entonces sustituir la pregunta sobre las fuentes de nuestro conocimiento por esta otra: *¿Cómo podemos esperar detectar y eliminar el error?* a lo que responde: **"Criticando** *las teorías o las conjeturas de los demás"* (Popper, 1960a, p. 55). Ésta es la senda para hacer que el conocimiento progrese: *"El avance del conocimiento consiste, principalmente, en la modificación del conocimiento previo."* (Popper, 1960a, p. 58)

El interés por el avance del conocimiento está íntimamente relacionado con su postura antes mencionada de la ciencia como una actividad de resolución de problemas y al respecto nos dice: *"Así pues, la ciencia empieza a partir de problemas, y no a partir de observaciones; aunque las observaciones pueden dar lugar a problemas, en especial si son* **inesperadas**" (Popper, 1960b, p. 196). Por otra parte, en lugar de preguntar ¿Cómo saltamos de un enunciado observacional a una teoría? la pregunta apropiada es la siguiente:

> Cómo saltamos de un enunciado observacional a una teoría **buena?'** […] saltando primero a cualquier teoría y luego testándola, para ver si es o no buena; es decir, aplicando repetidamente el método crítico, eliminando muchas malas teorías e inventando muchas nuevas. (Popper, 1972, p. 83)

Así, la intención tanto del título como del contenido de *The Logic of Scientific Discovery* era examinar la epistemología de la evaluación y la selección de ideas recientemente descubiertas en la ciencia, más en particular, de la elección de teorías científicas. Con este fin, Popper propuso un método racional para la indagación científica, el método de conjeturas y refutaciones, que refinó en publicaciones posteriores (Popper, 1972).[23] Lo que motivó este método fue la intención de suministrar un criterio de demarcación entre ciencia y pseudociencia. Además de este propósito, el método lógico de conjeturas y refutaciones es una norma para el progreso de la ciencia, para producir teorías nuevas y mejores de una manera confiable. Según Popper el avance del conocimiento científico —e incluso del conocimiento pre-científico— se basa en la posibilidad de aprender de nuestros errores, lo que, para él, se logra mediante el método de ensayo y error. Sin embargo, no ofreció un procedimiento preciso para llevar a cabo el progreso científico, uno que condujera a mejores teorías. Más bien, postula un conjunto de criterios de evaluación de teorías, entre los cuales está la medida de progresividad potencial (su contrastabilidad) y la condición que exige mayor "contenido empírico" que la teoría que antecede.

1.4 La postura de Karl Popper y la crítica de Herbert Simon

El contexto de investigación en Popper

De acuerdo con nuestra discusión previa de los contextos de investigación ¿dónde debemos situar la postura de Popper? Tomando como base la división original entre contextos de descubrimiento y de justificación, si consideramos que la postura popperiana sobre el descubrimiento es restringida, según la cual los problemas de descubrimiento tienen que ver exclusivamente con la concepción inicial de una idea, entonces su postura de dejar el "momento Eureka" fuera del alcance del análisis lógico concuerda plenamente con su lema: *"no existe, en absoluto, un método lógico de tener nuevas ideas"* y sitúa su enfoque como perteneciente al contexto de justificación, tal y como ha sido interpretado generalmente en la literatura. En contraste, si consideramos que el punto de vista de Popper es amplio en cuanto al descubrimiento (una postura que se asume en Savary (1995)), entonces ya que concede al segundo proceso la posibilidad de examen lógico, esto es, a *"los métodos empleados en las contrastaciones sistemáticas a que debe someterse toda idea nueva antes de que se la pueda sostener seriamente"*, sean cuales sean dichos métodos, son ciertamente previos a la justificación última de una idea, y por ende el segundo proceso cae dentro del contexto de descubrimiento de manera general. Por otra parte, un examen más cercano a la filosofía de Popper revela que su método de conjeturas y refutaciones no aspiraba a evaluar una teoría como definitivamente verdadera, como pretendían los positivistas que era la meta última de la justificación. Finalmente, tomar en cuenta las distinciones más

---

[23] Este método se propone como una alternativa a la inducción; de hecho pretende con ello disolver *"el problema de la inducción"*.

finas propuestas para los contextos de investigación nos obliga a situar la postura de Popper respecto al segundo proceso en el contexto del quehacer, y por ende en el contexto de descubrimiento cuando se reconoce un punto de vista amplio, pero en el contexto de evaluación o apreciación cuando el contexto de justificación se amplía. En todo caso, lo que parece claro es que si bien el primer proceso cae en el contexto de invención, el segundo está claramente fuera de sus fronteras.

Una primera conclusión es que si bien Popper estaba interesado en el análisis de las nuevas ideas en la ciencia, situó el proceso de concepción de una idea fuera de las fronteras de la metodología de la ciencia y centró sus esfuerzos en modelar un proceso subsiguiente, el que se ocupa de los métodos para analizar lógicamente nuevas ideas. Determinar en qué contexto situamos la postura de Popper respecto a su lógica del conocimiento no es para nada un asunto sencillo, y decido no tomar postura alguna, pues esto depende claramente de donde situamos las fronteras y la pertinencia de los contextos de investigación, algo que mantiene nuestra discusión en un debate terminológico que da razones tanto para quejarse del título en inglés de su libro *The Logic of Scientific Discovery*, como para alabarlo.[24]

¿ Cual es la Lógica de la investigación de Popper?

La lógica del descubrimiento científico de Popper abraza una postura falibilista y no aspira a descubrir la epistemología de la creatividad; se centra, más bien, en la evaluación y la selección de nuevas ideas en la ciencia. Su postura es claramente afín al periodo correspondiente a la búsqueda de una lógica de la justificación, en cuanto a la pregunta del propósito. En cuanto a la pregunta del quehacer, su explicación ofrece criterios para la justificación de teorías bajo su postura del racionalismo crítico, según la cual ninguna teoría se plantea finalmente como verdadera y también se ocupa del avance de la ciencia, a través de la caracterización de *situación problemática*,[25] así como un método para su solución: el método de conjeturas y refutaciones. Por consiguiente, en cuanto a la pregunta del logro, parece que Popper realmente encontró más de lo que estaba buscando, pues su explicación ofrece, no la justificación de teorías como verdaderas, sino más bien una metodología para obtener mejores teorías, lo cual entra en el territorio del descubrimiento, al menos en lo que respecta el avance del conocimiento.

---

[24] Para un análisis más detallado de la postura de Popper (1962) en cuanto a su noción de descubrimiento, remitimos al lector a Pérez Ransanz (2007).

[25] Véase Savary (1995) para una explicación y análisis detallados de esta noción.

Simon y el descubrimiento

Analicemos ahora la postura de Simon como un desafío a *La Lógica de la Investigación Científica* de Popper. En principio, la obra pionera de Simon y su equipo comparten el ideal sobre el cual se fundó toda la empresa de la inteligencia artificial, a saber, la construcción de computadoras inteligentes que se comportaran como seres racionales, algo que se parece al ideal filosófico que guió la búsqueda de una lógica del descubrimiento en el primer periodo antes identificado (hasta el siglo XIX). Sin embargo, es importante esclarecer en qué condiciones fue heredado este ideal en cuanto a la pregunta del propósito de una lógica del descubrimiento, por un lado, y fue puesto en acción con respecto a la pregunta del quehacer de dicha lógica, por el otro.

En su ensayo *Does scientific discovery have a logic?*, Simon se plantea el reto de refutar el argumento general de Popper, reconstruido para sus propósitos de la siguiente manera: "*Si 'no existe, en absoluto, un método lógico para obtener nuevas ideas', entonces tampoco existe, en absoluto, un método lógico para obtener* **pequeñas** *ideas nuevas*" (Simon, 1973a, p. 327; traducción y énfasis míos), y su estrategia consiste precisamente en mostrar que un antecedente en afirmativo no compromete a una aceptación del consecuente, como Popper parece sugerirlo. Por consiguiente, Simon convierte el objetivo ambicioso de buscar una lógica del descubrimiento que revele el proceso de descubrimiento en general, en una meta más sencilla: "*Su modestia* [de los ejemplos que aborda] *como casos de descubrimiento será compensada por su transparencia al revelar el proceso subyacente*" (Simon, 1973a, p. 327; traducción mía).

Esta propuesta -tan humilde como brillante- permite a Simon establecer otras distinciones sobre el tipo de problemas a analizar así como de los métodos a usar. Con tal fin proporciona una caracterización de tipos de problemas: aquellos que están bien estructurados y los que están mal estructurados;[26] la pretensión de encontrar una lógica del descubrimiento se limita a los problemas bien estructurados. Aunque no hay un método preciso y seguro mediante el cual se consiga un descubrimiento científico como una forma de resolución de problemas, se puede lograr mediante varias estrategias. El concepto clave en todo esto es el de **heurística**: *la guía en el descubrimiento científico que no es ni totalmente racional ni absolutamente ciega*, a lo cual me

---

[26] Un problema bien estructurado es aquel para el cual existe un criterio definido de contrastación y al menos un espacio de problemas donde el estado inicial y el estado final pueden ser representados, y todos los demás estados intermedios se pueden alcanzar con las transiciones apropiadas entre ellos. Un problema mal estructurado carece cuando menos de una de las condiciones anteriores.

abocaré a examinar en el siguiente capítulo. Los métodos heurísticos del descubrimiento se caracterizan por el uso de una búsqueda selectiva con resultados falibles. Es decir, aunque no ofrecen una garantía absoluta de que se obtendrá una solución, la búsqueda en el espacio de problemas no es ciega, sino que es selectiva conforme a una estrategia predefinida.[27]

Aun cuando este enfoque provenga de disciplinas aparentemente distantes de la filosofía de la ciencia, a saber, de la psicología cognitiva y la inteligencia artificial, se trata de propuestas que sugieren la inclusión de herramientas computacionales en la metodología de investigación de la filosofía de la ciencia y con ello pretenden reincorporar aspectos del contexto de descubrimiento en su agenda. Con todo, este enfoque no da una explicación del momento "Eureka", ni siquiera en el caso de ideas pequeñas.

1.5 Conclusiones

Para concluir, el enfoque de Popper se acerca al de Simon, al menos en lo que respecta a las siguientes ideas básicas: ambos sostienen una postura falibilista en cuanto a la fundamentación del conocimiento; consideran además que la ciencia es una actividad dinámica de resolución de problemas y que el avance del conocimiento es el aspecto principal que debe caracterizarse, lo cual es opuesto a la postura de la ciencia como una empresa estática en busca de la aceptación de teorías como verdaderas. Una razón que permite la convergencia de estos dos enfoques, es que ni los "amigos del descubrimiento" explican el proceso de descubrimiento en su totalidad ni Popper soslaya enteramente su estudio.

---

[27] Los autores distinguen entre métodos de descubrimiento débiles y fuertes. Los primeros abarcan el tipo de resolución de problemas usado en los campos novedosos; se caracterizan por su generalidad, pues no exigen un conocimiento profundo del campo particular. En contraste, los métodos fuertes se usan para casos en que nuestro conocimiento del campo es extenso y están diseñados especialmente para una estructura específica. Los métodos débiles incluyen métodos heurísticos de generación y contrastación así como de análisis de medios y fines para construir explicaciones y soluciones para problemas dados. Estos métodos han resultado útiles en la inteligencia artificial y la simulación cognitiva y son usados por varios programas computacionales. Un ejemplo al respecto es el sistema BACON que modela explicaciones y leyes científicas descriptivas como lo son la ley de Kepler y la de Ohm (véase Langley et.al., 1987). No obstante, es materia de debate si BACON realmente hace descubrimientos, ya que produce teorías nuevas para el programa pero no para el mundo y al parecer sus descubrimientos son resultado de un proceso muy controlado más que de un proceso creativo.

No obstante, una diferencia fundamental entre estos enfoques se encuentra en el método mismo para el avance de la ciencia, en lo que consideran que es la "lógica" del descubrimiento. Mientras que para Popper las ideas son generadas por el método de búsqueda ciega, Simon y su equipo desarrollan una teoría completa para sustentar la postura de que las ideas se generan mediante el método de 'búsqueda selectiva', y esta última explicación claramente permite entender mejor cómo se pueden generar las teorías y las ideas.

Mi propia postura sobre el tema del descubrimiento es que así como tenemos que reconocer que el descubrimiento es un proceso sujeto a división, también tenemos que admitir una parte ineludible del proceso de descubrimiento, y en consecuencia recordar el lema de Popper que abre este capítulo: *"Es evidente que nunca se podrá explicar plenamente una acción creadora"*[28] (Popper, 1974, p. 169). Pero esta afirmación implica naturalmente que la acción creativa puede ser explicada parcialmente, como lo argumentan Simon y sus seguidores. Se trata entonces de identificar una línea apropiada que trace una división conveniente a fin de llevar a cabo un análisis de la generación de nuevas ideas en la ciencia.

---

[28] En mi opinión, "acción creativa" es una traducción más fiel de la expresión original en inglés "creative action".

2 HEURÍSTICA

Si se considera como cierta una conclusión heurística,
se corre el riesgo de engañarse y decepcionarse; pero
si se descuidan totalmente tales conclusiones,
ningún progreso es posible.
(Polya, 1965, p. 109)

2.1 La heurística: sus orígenes

La propuesta de que la heurística es una forma de racionalidad es una empresa con varios retos a enfrentar. Por un lado, no es del todo claro qué se entiende exactamente por heurística. En principio es una palabra que aparece en más de una categoría gramatical. Cuando se encuentra como sustantivo, se identifica con el arte o la ciencia del descubrimiento. Cuando aparece como adjetivo, califica a estrategias, reglas o incluso silogismos y conclusiones de argumentos lógicos. Claro está que estos dos usos están íntimamente relacionados ya que la heurística, como disciplina de investigación, se caracteriza por ser una búsqueda de estrategias que guían el descubrimiento. En computación, por ejemplo, las estrategias heurísticas son en general programas computacionales de búsquedas selectivas. Una primera aproximación para caracterizarla es la siguiente:

la heurística es una guía en el descubrimiento científico que no es
ni racional –en un sentido estricto- ni tampoco absolutamente ciega.

Esta caracterización la coloca en un camino intermedio entre la razón demostrativa y el arte o la intuición, entre las reglas infalibles de la lógica deductiva y las búsquedas al azar de la invención. Por otro lado, la heurística, de igual manera que la razón demostrativa, se enfrenta tanto a aspectos normativos como descriptivos. Un conjunto de reglas heurísticas, aun siendo falibles, norman el camino que guía al descubrimiento, pero al mismo tiempo, estas reglas sólo pueden ser concebidas en la dimensión empírica de la psicología humana que hace uso de ellas en el proceso de invención.

Así, la heurística como una forma de racionalidad no caza con dicotomías. Es una racionalidad teórica y también una racionalidad práctica. Es a la vez razón e intuición, ciencia y arte[29]. Desde un punto de vista lógico, el reto radica en caracterizar una forma de racionalidad que si bien se aleja de los cánones de certeza, es de todas maneras una noción que puede caracterizarse de manera lógica y formal. Esto implica, sin embargo, una visión amplia tanto de la lógica como de la racionalidad misma. La primera debe incluir razonamientos plausibles como formas lógicas en sí mismas, la segunda exige admitir que hay formas de racionalidad que no garantizan conclusiones necesarias; las dos deben abandonar las pretensiones de certeza. El riesgo de este tipo de caracterización, sin embargo, radica en que no satisface ni a lógicos duros ni a empiristas recalcitrantes. La heurística no es ni lógica ni psicología, como bien nos propone Lakatos en la siguiente afirmación aventurada, la cual es parte de su reacción a la doctrina Popperiana:

> "(a) no hay lógica *infalibilista* del descubrimiento científico que conduzca infaliblemente a resultados, y (b) existe una lógica falibilista del descubrimiento que es la lógica del progreso científico. Mas Popper, que ha echado las bases de *esta* lógica del descubrimiento, no estaba interesado en la meta-pregunta de cuál era la naturaleza de esta investigación, por lo que no se dió cuenta de que no es ni la psicología ni la lógica, sino una disciplina independiente, la lógica del descubrimiento, la heurística." (Lakatos, 1978, p. 167n)

A continuación presento el estudio de la heurística desde sus orígenes más remotos, a través de los métodos de análisis y síntesis de los antigüos griegos a través del examen magistral del lógico Jaakko Hintikka (1929-).

Un legado de los griegos

Todos los caminos en el estudio de la heurística nos remiten a los matemáticos y filósofos griegos de la antigüedad. El concepto de heurística aparece en el estudio de los procesos para resolver problemas y se conciben dos estrategias heurísticas, a saber *análisis* y *síntesis*. Una descripción detallada de estos métodos se encuentra en los escritos de Pappo de Alejandría (290-350 AC), quien propone la rama de estudio denominada "*Analyomenos*", que bien puede traducirse como "el tesoro del análisis" o "el arte de resolver problemas" y refiere a una colección de libros heredados por matemáticos aún más antigüos. La parte central de dicha descripción dice lo siguiente: (Pappi Alexandrini *Collectionis Quae Supersunt*):

---

[29] Para un enfoque que propone una revalorización de la racionalidad heurística a través de analogías entre metáforas y modelos tanto en ciencia como en poesía, remitimos al lector a Velasco Gómez (2011).

Ahora, análisis es el camino a partir de lo que se busca –como si ya fuera admitido- a través de sus concomitantes (τα ακολουθα (ta akolouqa), la traducción usual dice: consecuencias) para que algo se admita en síntesis. En el análisis suponemos que lo que se busca ya está dado, e investigamos a partir de lo que resulta y, una vez más lo que antecede a éste; hasta que en nuestro camino hacia atrás vemos algo que ya se conoce y que es lo primero. A ese método lo llamamos análisis, siendo una solución hacia atrás. Por otro lado, en la síntesis suponemos que lo último a lo que llegamos en el análisis ya está dado y vamos acomodando en su orden natural a los antecedentes anteriores como consecuentes y los vinculamos uno con el otro, al final llegamos a la construcción de aquello que buscamos. A esto lo llamamos síntesis. (Hintikka y Remes, 1974, p. 8-9; traducción mía)

Un ejemplo no matemático que ilustra estas dos estrategias de razonamiento es el siguiente, presentado por George Pólya, quien es considerado por Hintikka y Remes (1974, p. 40n) como el fundador moderno de la heurística:

Un hombre primitivo quiere cruzar un arroyo, pero no lo puede hacer como de costumbre debido a una crecida que se ha presentado la noche anterior. El cruce del arroyo se torna, pues, tema de un problema; ¨cruzar el arroyo” es la incógnita x del problema original. El hombre puede acordarse de haber cruzado un arroyo sobre un árbol abatido. Busca en torno suyo para ver si encuentra uno, convirtiéndose este árbol abatido en su nueva incógnita y. No llega a encontrar ningún árbol abatido, pero observado que el arroyo está rodeado de árboles, es su deseo que uno de ellos cayese a la tierra. ¿Podría hacer caer uno a través del arroyo? He ahí una brillante idea que plantea una nueva incógnita: ¿Cómo obrar sobre el árbol para hacerlo caer justamente a través del arroyo?. (Polya, 1965, p. 136)

Este hilo de ideas ilustra el método de análisis. Se comienza por la meta y se infieren las condiciones necesarias para lograr este objetivo. Si este hombre primitivo es exitoso en llevar a cabo su análisis, pudiera ser el inventor del hacha y los puentes (o de la deforestación). El método de síntesis es el de convertir estas ideas en acciones, lo cual nos remite a la concepción pragmatista de la epistemología y su dirección es la contraria: para cruzar el arroyo, busca un tronco caído para usarlo de puente. Si no encuentras ninguno, busca el árbol más adecuado tal que al tirarlo, su tronco sirva de puente para cruzar.

Los métodos de análisis y síntesis se proponen como procesos inversos uno del otro, en el caso de que todos los pasos en el análisis puedan revertirse al usarse para la síntesis, como es el caso del ejemplo anterior. Sin embargo, esto depende de la intepretación de la palabra τα ακολουθα *(ta akolouqa)* mencionada arriba en la cita de Pappus. Para algunos esto bien puede traducirse como *consecuencias*, lo que sugiere precisamente que estos dos métodos son inversos uno del otro, pero para otros la interpretación correcta es la de *concomitantes*, lo que indica "casi cualquier tipo de cosa que vaya junta". Así, es debatible en qué consisten exactamente estos dos métodos propuestos en la antigüedad. De acuerdo a Hintikka y Remes (1976) la descripción del método de análisis que nos ofrece Pappus es una búsqueda de premisas y no una producción de consecuencias y enfatizan: *"no es suficiente para reconciliar su descripción general del análisis con sus propias prácticas matemáticas o con las prácticas matemáticas de otros matemáticos de la antigüedad".* (Hintikka y Remes, 1976, p.255—256; traducción mía)

Asimismo, estos dos métodos no existen por separado, sino que sólo hacen sentido en combinación. No es suficiente llegar a algo que se sabe que es verdadero para afirmar la verdad del enunciado original que el análisis sólo toma como presupuesto, sino que el método de síntesis tiene que proveer una prueba de ello. Esta prueba se construye ya sea invirtiendo cada paso del análisis (bajo la interpretación de consecuencia) o por el contrario, el método de análisis provee el material para construir la prueba, aunque en este caso no haya garantía de una síntesis exitosa.

A continuación veremos cómo los métodos de análisis y síntesis encuentran cabida en formulaciones modernas de la lógica, mostrando sin embargo que hay mucho más que decir sobre ellos, que el mero hecho de que pueden ser interpretados como (más o menos) inversos uno del otro.

Análisis y síntesis en la demostración matemática

Pasemos ahora a ver cómo se ilustran estos métodos en la demostración matemática. Supongamos que el problema es probar o refutar A. No sabemos todavía si A es verdadera o falsa, pero de ella derivamos otro teorema B, de B derivamos C y así sucesivamente hasta el teorema T que conocemos como verdadero. Si T es verdadero, A también lo será, siempre y cuando las derivaciones realizadas se puedan invertir. La prueba de A tendrá entonces la siguiente forma:

T
...
C
B

A

Aunque las operaciones de análisis y síntesis son igualmente reconocidas como procedimientos de prueba en matemáticas --y es natural suponer que toda demostración pueda presentarse de una u otra forma—los ejemplos de esto último son raros en la literatura de la matemática antigüa (véase Groner et.al., 1983, p. 3) y cuando ocurren son generalmente seguidos por su presentación en síntesis. Esto es igualmente el caso en la matemática contemporánea: el objetivo es presentar cómo un descubrimiento, un nuevo teorema, se deriva de los axiomas y teoremas ya conocidos y demostrados, y no cómo es que se descubrieron cuáles eran esos teoremas y axiomas necesarios para poder demostrar el teorema propuesto.

La presentación de las demostraciones en matemáticas sigue el método deductivo que heredamos desde los "*Elementos*" del matemático y geómetra griego Euclides de Megara (325-265 AC), en el cual a partir de ciertos axiomas básicos, se deducen todas las verdades de la geometría elemental. Este trabajo no sólo es el primer sistema lógico en su género, sino también modelo a seguir en otros campos del conocimiento. Cada proposición está ligada (por medio de demostraciones) a axiomas previos, definiciones y proposiciones.

Asimismo, en general las reglas de inferencia (aquellas reglas que regulan los pasos válidos para pasar de un punto al siguiente) van hacia adelante, esto es, son instrucciones que nos indican cómo a partir de ciertas premisas, se puede inferir una conclusión. Tal es el caso de la regla *Modus Ponendo Ponens*, que tiene la siguiente forma general y que ilustro con el siguiente ejemplo:[30]

---

[30] Nótese que las reglas de inferencia se dividen en dos partes separadas por una línea horizontal. En la parte superior están indicadas las premisas (en este caso A y A → B) y en la superior la conclusión (B). Cada una de estas letras representa una proposición y la flecha → simboliza al condicional, por lo que la expresión A → B se lee: Si A, entonces B.

A → B	Si llueve, el patio se moja
A	Llueve
-----------	-------------------------------
B	El patio se moja

No hay sin embargo una regla inversa de donde pueden inferirse las fórmulas A → B y A a partir de la fórmula B; aunque existen sistemas lógicos (como el de deducción natural) donde las reglas no tienen una dirección preestablecida, se leen igual para adelante como para atrás. Ejemplos de ellas son las siguientes:

A	A & B	A & B
B	-----------	-------------
-----------	A	B
A & B		

De las premisas A y B se deduce la conjunción A&B y de la misma forma, de la conjunción A&B se deducen tanto A como B.[31] De hecho, deducción natural toma ese nombre, justamente con el propósito de diseñar un cálculo lógico que fuera mas cercano a la forma en que los humanos hacen realmente una demostración y así combinar los métodos de análisis y de síntesis en uno solo. Otro método de demostración en matemáticas es la reducción al absurdo o método de refutación (*reductio*), que como hemos visto, engloba a los métodos de análisis y síntesis como un caso particular. Esto es, para probar C, se supone su negación como verdadera y si se deduce una contradicción (esto es, una proposición que no puede ser de ninguna manera verdadera, como por ejemplo A & No A) y entonces se concluye que "No C" no puede ser el caso o lo que es lo mismo, que C es verdadera:

No C

.

.

.

contradicción!

C

---

[31] Más formalmente esto se representa como dos reglas: la primera, donde se infiere la conjunción, se denomina introducción del conectivo conjunción y las dos restantes representan la eliminación del conectivo conjunción.

En este método se empieza por la (negación de la) conclusión, así que en un sentido es un procedimiento hacia atrás. Sin embargo, la prueba se hace hacia adelante. En cualquier caso, en la práctica, para *rellenar* el camino entre las premisas y la conclusión, el matemático combina los métodos de análisis y síntesis para construir sus pruebas.

Un intento por formalizar estos dos métodos heurísticos de análisis y síntesis lo ofrecen Hintikka y Remes (1974, 1976), quienes proponen al análisis como un caso particular de los métodos de Deducción Natural y utilizan el método de las tablas semánticas para su finalidad.[32] Es interesante notar que aunque Beth mismo se inspiró en los métodos de análisis y síntesis para construir el suyo propio: *"ni conectó esta idea lógica de manera explícita con el antiguo método de análisis geométrico, ni aplicó su enfoque para la elucidación de problemas históricos"*. (Hintikka y Remes, 1976, p. 254; traducción mía). Así aplicado, el método de análisis proveé de una prueba definitiva por *reductio* de la falsedad de aquello que se busca.

2.2 George Pólya y su *Razonamiento Plausible*

En *Matemáticas y Razonamiento Plausible* (1966) Pólya argumenta que el proceso de descubrimiento en matemáticas está guiado por mecanismos de inferencia no deductivos, que tienen mucho trabajo de "adivinanza" (guess-work) y que aunque no son totalmente certeros, son signos de progreso en la solución de un problema. *Patrones de Inferencia Plausible* es su término para los principios que gobiernan este tipo de razonamiento.

El *razonamiento plausible* se rige por reglas, insiste Pólya, aunque éstas no son como las reglas que caracterizan al *razonamiento demostrativo*, en el cual las conclusiones a las que se llega son totalmente necesarias. A este tipo de conclusiones plausibles Pólya las llama *conclusiones heurísticas*. Contrastemos estos dos tipos de razonamientos, expresados en las siguientes formas argumentales. Consideremos primero el *Modus Tollendo Tollens*, también conocido como silogismo hipotético:

---

[32] Las tablas semánticas constituyen un método de refutación introducido en los años cincuenta del siglo XX por el lógico Evert Willem Beth (1908-1964) y por Hintikka de manera independiente. Este método hace generalmente uso de árboles para su representación. Cuando una consecuencia lógica ($\Gamma \Rightarrow \varphi$: "A partir de Γ derivamos φ") es válida, las ramas del árbol resultan cerradas. En caso contrario, quedan ramas abiertas en la tabla semántica, las cuales representan contraejemplos (son modelos que hacen verdadera a Γ y falsa a φ).

A → B	Si llueve, el patio se moja
No B	El patio no está mojado
-----------	-------------------------------
No A	No ha llovido

Este patrón tiene las características de todo patrón de razonamiento demostrativo, de acuerdo a la caracterización de Pólya: es *impersonal, universal, autosuficiente* y *definitivo*. Es impersonal porque su validez no depende de la personalidad o el humor con el que se hace el razonamiento. Es universal porque su forma y validez no se limitan a ningún campo particular del conocimiento; éste puede ser matemáticas, derecho, filosofía o lo que sea. Se le llama autosuficiente porque la validez de este silogismo no depende en nada de aspectos externos a él. Una vez aceptadas las premisas, la conclusión debe también ser aceptada. Por último, la conclusión de este silogismo es definitiva, en el sentido en que aún cuando se agreguen premisas, la conclusión sigue siendo válida.

Comparemos el silogismo anterior con el siguiente "silogismo heurístico", denominado así por Pólya:

A → B	Si llueve, el patio se moja
B	El patio está mojado
-----------	-------------------------------
A es más creíble	Es más creíble que haya llovido

La razón por la cual la conclusión que llueve (A) no se infiere con total certidumbre es porque tal vez haya otras razones por las que el patio esté mojado (B) (los aspersores de agua están prendidos, los niños están jugando con agua, etcétera). En otras palabras, a partir de A → B y de B no se infiere necesariamente A, solo se hace más creíble. Estos dos patrones, el "demostrativo" y el "plausible" tienen una similitud considerable. Los dos comparten la primera premisa:

$$A \rightarrow B$$

En cuanto a la segunda:

B falsa   B verdadera

Son opuestas en valor de verdad pero tienen el mismo estatus lógico. La diferencia fundamental está en las conclusiones:

A falsa   A más creíble

Estas conclusiones tienen un estatus epistémico muy diferente. Mientras que la conclusión del patrón demostrativo está al mismo nivel que sus premisas, la del razonamiento plausible es de distinta naturaleza, menos precisa, abierta a discusión.

Tal pareciera entonces que el silogismo heurístico no cumple con las características del patrón demostrativo, a saber, ser impersonal, universal, autosuficiente y definitivo. Para Pólya, sin embargo, estas características están en cierta forma presentes en el patrón de razonamiento plausible. Para toda persona racional, la conclusión heurística A es más creíble con base en las premisas que sin ellas. Sin embargo, en el momento de entrar más en detalle y preguntar cuánto es más creíble la conclusión, diferencias personales y de distintos campos del conocimiento entran en juego. Diferencias de conocimiento previo, de experiencia en un tema particular o de estilo y opinión personal son todos factores determinantes para juzgar el grado de credibilidad de una conclusión. En cuanto a la autosuficiencia y definitividad, la conclusión heurística está apoyada en las premisas y no depende de aspectos externos. Sin embargo, si en el futuro hay nueva información (p.e. estamos en época de sequía) nuestra credibilidad en la conclusión puede cambiar hasta el grado de proponerla falsa (p.e. no pudo haber llovido). Así, puede decirse que en base exclusivamente a la información de las premisas, la conclusión está justificada. Sólo que esta conclusión no es duradera ni definitiva, es sólo provisional.

La propuesta de Pólya sobre los patrones de razonamiento plausible no es en general considerada en la lógica contemporánea como digna de ser estudiada como inferencia lógica. Un matemático o lógico *ortodoxo* dirían que si la conclusión de una forma argumentativa no es necesaria, entonces ¿para qué nos sirve? De hecho, al silogismo heurístico antes presentado se le conoce más popularmente como *la falacia de afirmación del consecuente*, cuando la conclusión se pretende afirmar con total certeza. La conclusión de este silogismo heurístico no es necesaria, es sólo una pista, una hipótesis (p.e. tal vez haya llovido) que puede ser confirmada o refutada con información adicional. Enfoques fuera de lo tradicional antes y después de Pólya sí la han analizado. Como veremos en el siguiente capítulo 3, esta forma lógica como tal tiene sus orígenes en la obra de Peirce, quien la caracterizó como abductiva.

Más recientemente, estas formas de razonamiento han sido reivindicadas en el estudio de lógicas no-monótonas; éstas son lógicas no clásicas que se han diseñado principalmente en la rama lógica de la inteligencia artificial, para modelar los modos de razonamiento humanos, lo cual trataremos con más detalle en el capítulo 5. En estas lógicas se intenta capturar nociones como "A es más creíble", "A normalmente implica que B" de un modo cualitativo. Aunque el análisis que da Pólya a los patrones de razonamiento plausible es probabilístico, puede considerarse como pionero en el estudio de las lógicas no-monótonas.[33]

2.3 Estrategias heurísticas

Hoy día la heurística es parte fundamental de las implementaciones computacionales de los sistemas lógicos y en general en los programas de la inteligencia artificial. Como ya lo he revisado en el capítulo anterior, Simon y sus conciben el razonamiento científico como resolución de problemas y proponen usar la maquinaria de sus programas basados en búsquedas heurísticas para desarrollar programas que simulan descubrimientos científicos como los son las leyes cuantitativas en la Física. Asimismo, a raíz del surgimiento de las computadoras, la lógica misma se ha convertido en materia de análisis computacional y esto ha influenciado su teoría misma, como veremos a continuación.

Lógica = inferencia + estrategia de control

Los sistemas lógicos clásicos tienen dos componentes: una semántica y una teoría de la demostración. La primera tiene por objetivo caracterizar las condiciones de verdad de una fórmula en un modelo, y se basa en las nociones de verdad e interpretación. La segunda caracteriza lo que es una prueba válida para una fórmula, junto con reglas de inferencia del sistema y tiene como nociones principales las de prueba y derivabilidad. Estos dos enfoques pueden estudiarse de manera independiente, pero están conectados íntimamente en un nivel metalógico mediante los teoremas de Correctud y de Completud.[34] Hay muchos sistemas lógicos que siguen este patrón: lógica

---

[33] Véase Aliseda (2006) para un estudio a profundidad de las propiedades lógicas y computacionales de la abducción.

[34] Estos teoremas son considerados los resultados fundamentales de la lógica de primer orden, pues establecen la equivalencia entre la nociones de derivabilidad formal y la de consecuencia lógica, esto es, entre la sintaxis y la semántica de un lenguaje formal. En sus versiones originales, estos teoremas establecen que toda

proposicional, lógica de predicados, lógica modal y varias lógicas tipificadas (typed-logics).

Desde una perspectiva moderna, sin embargo, hay mucho más que decir acerca del razonamiento en estos sistemas. La computación ha impuesto nuevos retos a la lógica, ya que hay que describir con detalle los procedimientos automáticos que operan estos sistemas lógicos. Al diseñar e implementar los sistemas lógicos no basta con dar las reglas del cálculo, hay que añadir también una estrategia de control que indique cómo es que se aplican estas reglas. Desde una perspectiva clásica, este aspecto es extralógico, pero tiene una clara estructura formal y puede estudiarse como una forma argumental en sí misma. Este es justamente el lugar donde la heurística juega su papel en estos programas que implementan cálculos lógicos.

El estudio de estrategias de control en computación encuentra lugar tanto en la literatura lógica como en la filosófica. De la primera cabe mencionar a dos lógicos contemporáneos de suma importancia, Dov Gabbay (1945-) y Johan van Benthem (1949-), quienes a través de sus investigaciones han ofrecido una fundamentación lógica para este proyecto (véase Gabbay, 1994; van Benthem, 1992). De la segunda resaltamos al filósofo Donald Gillies (1944-), quien propone una concepción de la lógica como *inferencia + control* (Gillies, 1996). Así tenemos la parte formal que caracteriza a la inferencia de un sistema lógico acompañado de reglas y estrategias para operarlo. Estas reglas y estrategias bien pueden ser deductivas o heurísticas, demostrativas o plausibles, para usar la terminología de Pólya.

Una teoría computacional para la heurística
Simon propone una teoría del descubrimiento científico que es tanto empírica como normativa, los dos aspectos que complementan su visión:

> La teoría de descubrimiento científico tiene tanto una parte empírica como una formal. Como teoría empírica busca describir y explicar los procesos psicológicos y sociológicos subyacentes de los descubrimientos científicos. Como teoría formal se ocupa de la definición y naturaleza lógica del descubrimiento y pretende ofrecer consejos normativos y prescripciones a cualquiera que desee proceder de manera racional y eficiente en una tarea de descubrimiento científico. (Simon, 1977, p. 265; traducción mía)

---

fórmula que es teorema es universalmente válida (correctud o corrección) y que toda fórmula universalmente válida es teorema (completud).

Sobre el aspecto normativo del descubrimiento científico, cuando Simon propone una lógica del descubrimiento, toma como base todo un programa de investigación ya desarrollado para la inteligencia artificial y la psicología cognitiva, a saber, la maquinaria de búsqueda heurística (Newell y Simon, 1972) y la usa con el propósito de implementar programas que simulen descubrimientos científicos. Para él, la lógica del descubrimiento científico no se refiere al uso puro y formal del término "lógica", sino más bien al conjunto de estándares normativos para juzgar los procesos usados para hacer descubrimientos.

Por otra parte, como ya lo mencioné en el capítulo anterior, su teoría distingue dos tipos de problemas, los que están bien estructurados versus los que están mal estructurados y se enfoca a los primeros. La teoría normativa del descubrimiento científico es entonces una teoría que intenta modelar cómo los descubrimientos pudieron haberse hecho siguiendo un conjunto racional, aunque falible de estrategias.

Con respecto al aspecto empírico de esta teoría, Simon pretende describir los procesos psicológicos subyacentes que llevan a nuevas ideas en la ciencia y de hecho habla de procesos de incubación e inconscientes en el descubrimiento (Simon, 1977, p.292). Pero claramente su postura no busca desentrañar los misterios de la creatividad, precisamente porque él cree que no hay tales misterios:

> Las nuevas representaciones, al igual que los nuevos problemas, no nacen de la frente de Zeus, sino que emergen en etapas graduales y muy lentas… Incluso en la ciencia revolucionaria, que crea esos paradigmas, los problemas y las representaciones tienen raíces en el pasado, no son creados a partir de la nada. (Simon, 1977, pp. 301-302; traducción mía)

Por consiguiente, su teoría empírica del descubrimiento está basada en una teoría psicológica del descubrimiento, una que ofrezca una explicación del proceso del pensamiento y que se vea realizada en programas de computadora que simulen cómo es que los humanos piensan. Aún así, Simon aclara que los procesos que explican el descubrimiento son sólo suficientes –más no necesarios—para explicar los descubrimientos que han ocurrido. Además, admite que puede haber nuevos descubrimientos que sea imposible caracterizar:

> Sin duda, las teorías del pensamiento existentes basadas en el procesamiento de información, se quedan cortas en abarcar todo el

rango de actividades cognitivas del hombre. No es solo una cuestión de que las teorías actuales sean aproximadamente correctas. Aparte de los límites en su precisión para explicar los rangos de comportamiento a los que se aplican, mucho de esto aún se encuentra fuera de su ámbito. (Simon, 1977, p.276; traducción mía)

Con esto mostramos una vez más que las posturas de Popper y de Simon tienen claros puntos de encuentro (cf. capítulo 1).

2.4 Conclusiones

Como hemos visto, la noción de heurística varía de un campo a otro. Si bien en todos ellos podemos identificar los métodos de análisis y síntesis caracterizados por los griegos, la heurística es mucho más que estas estrategias. Mientras que en matemáticas la heurística se identifica con el descubrimiento de teoremas y en el razonamiento plausible encuentra expresión en formas argumentales concretas, en lógica y computación se identifica con procesos específicos, expresados como estrategias de búsqueda selectiva, algunas de las cuales son efectivamente "hacia adelante" o "hacia atrás".

Asimismo, en todos estos campos, la heurística se identifica con la resolución de problemas y es efectivamente *una guía en el descubrimiento científico que no es ni racional —en un sentido estricto- ni tampoco absolutamente ciega*, como hemos propuesto caracterizarla al inicio de este capítulo. No es totalmente racional en tanto que no tiene pretensiones de certidumbre, pero como estrategia de búsqueda es selectiva, y por tanto no es azarosa, aunque sí es falible.

La heurística es una forma de racionalidad representada a través de reglas y estrategias falibles y su finalidad es ser una guía para el descubrimiento y la resolución de problemas. Esta postura, sin embargo, va en contra de aquellos que sostienen que el proceso de invención no sigue reglas de ningún tipo y que todo es cuestión de intuición o producto de la serendipia, esto es, de la facultad de hacer un descubrimiento o un hallazgo afortunado de manera accidental.

En cualquier caso, lo que es claro es que el estudio de la heurística como una forma de racionalidad debe incluir enfoques de áreas tan diversas y aparentemente opuestas como lo son la filosofía, la psicología, la lógica y la computación, situándose así en el centro de las ciencias cognitivas. Asimismo, esta propuesta sugiere la inclusión de herramientas computacionales en la metodología de la ciencia, lo que naturalmente nos lleva a reincorporar aspectos del "contexto de descubrimiento" en su agenda.

II COGNICIÓN

3 CONOCIMIENTO

Usualmente, quizá siempre, la duda
se origina en la sorpresa
(CP, 5.166)

3.1 Charles S. Peirce: Abducción y Epistemología
Abducción

Charles S. Peirce fue el primer filósofo que propuso una formulación lógica para el razonamiento abductivo. Sin embargo, su noción de abducción es muy difícil de descifrar. Por un lado, propuso varias versiones a los largo de su trayectoria filosófica, y por el otro, su noción de abducción está entrelazada con muchos otros aspectos de sus filosofía que son igualmente complejos. Tocaremos algunos puntos claves en el desarrollo de esta noción para luego concentrarnos en la formulación lógica abductiva.

El desarrollo de una *lógica de la indagación* ocupó el pensamiento de Peirce desde el inicio de su trabajo intelectual. En un principio esta lógica está compuesta por tres modos de razonamiento: *deducción, inducción e hipótesis,* cada uno de los cuales es un proceso independiente de prueba y corresponde a una forma silogística, que ilustramos en el siguiente ejemplo, frecuentemente citado (CP, 2.623):

DEDUCCIÓN
Regla.--   Todas las alubias de este saco son blancas.
Caso.--   Estas alubias son de este saco.
Resultado.-- Estas alubias son blancas.

INDUCCIÓN
Caso.--   Estas alubias son de este saco.
Resultado.-- Estas alubias son blancas.
Regla.--   Todas las alubias de este saco son blancas.

HIPÓTESIS[35]

Regla.--   Todas las alubias de este saco son blancas.

Resultado.-- Estas alubias son blancas.

Caso.--   Estas alubias son de este saco.

De estos tres, la deducción es el único tipo de razonamiento completamente certero, esto es, infiere en su 'Resultado' una conclusión necesaria. La inducción produce una 'Regla' que se valida solamente "a la larga" (CP, 5.170), y la hipótesis, la menos certera de las tres, simplemente sugiere que algo puede ser 'el caso' (CP, 5.171).

Posteriormente, Peirce considera que estos tres tipos de razonamiento conforman las tres etapas en un método para la indagación lógica, en donde la hipótesis, ahora denominada abducción, es la primera de ellas:

> De su sugerencia [abductiva], la deducción puede inferir una predicción que puede ser puesta a prueba por la inducción. (CP, 5.171)

La noción de abducción se hace más compleja y se convierte en "*el proceso de construir una hipótesis explicativa*" (CP, 5.171) y la forma silogística citada arriba, se complementa con la siguiente forma lógica (CP, 5.189):

Se observa el hecho sorprendente C

Pero si A fuera verdadera, C sería una cosa normal

Por lo tanto, hay una razón para sospechar que A es verdadera

Peirce considera otros dos aspectos para una hipótesis explicativa, a saber, *corroboración* y *economía*. Una hipótesis abductiva es una explicación si da cuenta de los hechos conforme a la forma lógica citada arriba; su estatus es el de una sugerencia hasta que no se pone a prueba, lo cual da un sustento empírico a la hipótesis conforme al aspecto de corroboración. La motivación del criterio de economía responde al problema práctico de manejar un sinfín de hipótesis explicativas que cumplan con la formulación lógica y por tanto la necesidad de contar con un criterio para seleccionar la mejor explicación dentro de las que son sujetas a corroboración empírica.

---

[35] Las concepciones de la abducción que Peirce produce a lo largo de su trayectoria intelectual van acompañadas de diversa terminología. Al principio usó los términos sospecha e hipótesis (CP, 2.776, 2.623), como lo ilustra esta forma silogística, para luego utilizar abducción y retroducción (CP, 1.68, 2.776, 7.97), como veremos más adelante.

Para Peirce, el razonamiento abductivo es fundamental en toda pesquisa humana. La abducción juega un papel en la percepción:

La sugerencia abductiva nos viene como un destello. (CP, 5.181)

Y también está presente en el proceso general de la invención:

Ella [la abducción] es la única operación lógica que incorpora nuevas ideas. (CP, 5.171)

Así, la abducción parece ser tanto *"un acto de intuición como uno de inferencia"*, como lo ha propuesto Anderson (1986), quien sugiere un doble aspecto en la abducción, el intuitivo y el racional.

Interpretaciones de la abducción Peirceana
La contraposición de los dos aspectos de la abducción, el intuitivo y el racional, ha confundido invariablemente a los estudiosos de Peirce. En general, se considera solo uno de ellos para su análisis (Kapitan, 1990; Sharpe, 1970; Thagard, 1977). Algunos críticos han interpretado esta dualidad como *el dilema de Peirce* y concluyen que este filósofo no tenía una visión coherente sobre la naturaleza de la abducción (Frankfurt, 1958). Existe también la postura que se une a la arriba mencionada, que trata de dar sentido a estos dos aspectos y propone a la abducción Peirceana como *el instinto racional* (Ayim, 1974).

Con respecto a la forma lógica de la abducción, mientras que algunos estudiosos de Peirce le han dado un análisis que la identifica con la inducción (Reilly, 1970), otros han preferido darle la interpretación de Modus Ponens invertido (Anderson, 1986); y finalmente otros la han visto como una forma de heurística (Kapitan, 1990).

Por otra parte, la abducción se ha relacionado con la *inferencia a la mejor explicación*, mejor conocida como IME (o IBE, por sus siglas en inglés), caracterizada por Harman (1965) como la siguiente regla inferencial:

e es un conjunto de datos, hechos, observaciones, ... , comprobados
h explica e (si h fuera verdadera, e habría ocurrido)
ninguna otra hipótesis explica e tan bien como lo hace h

Por tanto, es bastante seguro que h

En este contexto, mientras que algunos autores identifican a la abducción con la IME y por tanto no hacen una distinción conceptual entre ellas (Douven, 2011; Fodor, 2000; Harman, 1965; Lipton, 2004), otros proponen que la primera es parte de la segunda (Mackonis, 2013; Magnani, 2001) y aún otros las consideran dos nociones conceptuales por separado (Aliseda, 2006; Campos, 2009; Hintikka, 1998), como nos argumenta Iranzo (2011) en el siguiente pasaje:

> Así, mientras que AB [abducción] refiere al proceso por el que se obtienen soluciones potenciales -diversas *hipótesis explicativas*- para una evidencia dada, esto es, a un proceso de descubrimiento, IME se ocupa de los criterios de selección que deben aplicarse para determinar cuál de aquéllas es la respuesta correcta, o sea, la **explicación** *verdadera*. (Iranzo, 2011, p. 301)

Aquí dejo esta breve reconstrucción de la evolución de la noción de abducción en Peirce y de sus múltiples interpretaciones en la filosofía.[36]

Epistemología

En la epistemología de Peirce, el pensamiento es un proceso dinámico, esencialmente una acción que oscila entre los estados mentales de duda y de creencia. Mientras que la esencia del segundo es la "*instauración de un hábito que determina nuestras acciones*" (CP, 5.388), con la cualidad de ser un estado satisfactorio y apacible en el que todo humano quisiera permanecer, la duda: "*nos estimula a indagar hasta destruirla*" (Peirce, 1955, p.10) y se caracteriza por ser un estado turbulento e insatisfactorio del que todo humano lucha por liberarse:

> La irritación de la duda provoca una lucha para alcanzar un estado de creencia. (Peirce, 1955, p.10; mi traducción)

Nótese que Peirce habla de estado de creencia y no de conocimiento. La pareja 'duda-creencia' es en realidad un ciclo entre dos estados diametralmente opuestos; mientras que la creencia es un hábito, la duda es la privación del mismo. Sin embargo, la duda, nos dice Peirce (1955), no es un estado que se genere voluntariamente formulando una pregunta, de la misma

---

[36] Para un estudio muy detallado, donde se distinguen claramente tres etapas en la evolución de la noción de abducción, se recomienda consultar el trabajo de Fann (1970). Otra referencia clave es la de Anderson (1987) para un análisis sobre abducción y creatividad.

manera que una oración no es interrogativa por el simple hecho de ponerle una marca especial, debe existir una duda *real* y *auténtica*:

> La duda auténtica siempre tiene un origen externo, usualmente viene de la *sorpresa*; siendo imposible para un hombre tanto producir una duda auténtica voluntariamente como sería el imaginarse la condición de un teorema matemático, y como sería generar una sorpresa por un simple acto de voluntad. (CP, 5.443, el énfasis es mío)

De esta forma, Peirce no solo argumenta en contra de la duda Cartersiana al enunciar que para romper un hábito debe existir una duda auténtica, sino que la identifica con la sorpresa, y de hecho, parece usar estos dos términos indistintamente:

> La creencia, mientras dura, es un hábito fuerte, y como tal, fuerza al hombre a creer hasta que una *sorpresa* rompe el hábito. (CP, 5.524, el énfasis es mío)

Mas aún, Peirce distingue dos formas de romper el hábito:

> El rompimiento de una creencia solo puede darse por una *experiencia novedosa* (CP, 5.524) o [...] hasta que nos encontramos a nosotros mismos confrontados con una *experiencia contraria a las expectativas*. (CP, 7.36, el énfasis es mío)

El modelo epistémico Peirceano propone a la sorpresa como la detonadora de toda pesquisa; sorpresa que puede darse por *novedad* o por *anomalía*. En Aliseda (2006) he denominado a estos dos aspectos los *detonadores abductivos*. En breve analizaremos la relación de estos detonadores con el enfoque de abducción en la inteligencia artificial, pero antes señalaré los puntos de conexión que en mi opinión son los más importantes entre la abducción y la epistemología en Peirce.

Abducción y epistemología

La conexión entre la lógica abductiva y la transición epistémica entre los estados mentales de duda y de creencia se ve muy claramente en el hecho de que la *sorpresa* es la detonadora tanto del razonamiento abductivo como del estado de duda. El primer caso está indicado por una de las premisas en la formulación lógica de la abducción; el segundo de ellos lo muestra el momento en que se rompe un hábito de creencia.

El proceso cognitivo que integra a la inferencia abductiva con el proceso epistémico puede describirse de manera secuencial como sigue: una experiencia novedosa o anómala da lugar a un *hecho sorprendente*, lo cual genera un estado de duda que rompe un hábito de creencia, y con ello se *dispara* el razonamiento abductivo. Este proceso indagatorio consiste justamente en dar cuenta del hecho sorprendente y así *apaciguar* el estado de duda. Digo apaciguar y no destruir porque una explicación abductiva no se convierte necesariamente en una creencia; es simplemente una sugerencia hasta que no se corrobora empíricamente.

3.2 Inteligencia artificial y teorías de cambio epistémico

Abducción en la inteligencia artificial

Las investigaciones sobre la abducción en la inteligencia artificial se remontan a los años setenta del siglo pasado (Pople, 1973), pero es hasta los años noventa en que se retoma este interés y se profundiza en él. Esto lo encontramos en al menos las siguientes áreas: la programación lógica (Kakas et.al., 1995), la asimilación del conocimiento y el diagnóstico (Kakas, 1990; Peng y Reggia, 1990), en el procesamiento del lenguaje natural (Hobbs et.al., 1990) y en general en todo tipo de aplicación que requiera de la representación de tipos de razonamiento cuyos productos se puedan refutar bajo ciertas condiciones. En la actualidad la abducción ha sido el tema principal de varios talleres y conferencias de inteligencia artificial y de razonamiento basado en modelos, así como protagonista de títulos de obras producto de estas conferencias (Flach y Kakas, 2000; Magnani et. al., 2010 y 2012), por citar solo algunas de ellas.[37] En todos estos sitios, la discusión sobre los diversos aspectos de la abducción ha sido conceptualmente un reto, pero también se ha evidenciado una confusión –sobre todo terminológica-- con respecto a la inducción, otra forma de razonamiento por excelencia que produce conclusiones refutables.

La formulación lógica de Peirce ha sido el punto de partida de muchos de estos estudios en diversos campos de la inteligencia artificial. Sin embargo, estos enfoques no han prestado la suficiente atención a los elementos de la formulación abductiva y menos aún a lo que Peirce propuso en otros escritos. En general, la interpretación que se da a la formulación de Peirce (que reproduzco de nuevo) es la del siguiente argumento lógico:

---

[37] Algunos ejemplos de estos encuentros han sido los talleres auspiciados por conferencias como la *European Conference on Artificial Intelligence* (ECAI) (http://www.cs.bris.ac.uk/~flach/ECAI98/) y la *Internacional Joint Conference on Artificial Intelligence* (IJCAI) (http://www.cs.bris.ac.uk/~flach/IJCAI97/), así como las conferencias de la serie *Model-Based Reasoning* (MBR), en donde se ofrece un lugar especial a la abducción (http://www-3.unipv.it/webphilos_lab/cpl2/).

Se observa el hecho sorprendente C   C

Pero si A fuera verdadera, C sería una cosa normal   A → C

Hay una razón para sospechar que A es verdadera   A

Se especifica de manera extralógica que el estatus de la conclusión A es *tentativo*. Se asume que la segunda premisa A→C es parte de la teoría de trasfondo en cuestión y como ya he mencionado, en algunos enfoques se intenta capturar el criterio económico Peirceano como un proceso posterior para seleccionar "la mejor explicación", ya que puede haber muchas fórmulas que cumplan con esta forma lógica sin ser por ello hipótesis idóneas.

A pesar de ser ésta una formalización lógica muy intuitiva, cabe decir que no captura en sí misma ni el hecho de que C sea sorprendente, ni ninguno de los otros criterios que Peirce propuso. Más aún, nótese que la interpretación de la segunda premisa no tiene porqué ser la de la implicación material clásica, podría ser una implicación lógica de otra naturaleza o incluso un proceso computacional en donde A sea la entrada y C la salida del mismo.

Me es imposible ofrecer aquí un análisis más detallado del desarrollo de la abducción en todos los campos de la inteligencia artificial.[38] Uno de los enfoques más prominentes y de relevancia para este libro es el de la abducción como inferencia lógica, al cual dedicaré el capítulo 5. A continuación describo las teorías de cambio epistémico en inteligencia artificial para finalmente postular en la siguiente sección mi argumento de que la abducción puede interpretarse como cambio epistémico.

Teorías de cambio epistémico

La motivación principal de las teorías de cambio epistémico en la IA es la de desarrollar mecanismos lógicos y computacionales para incorporar nueva información a una teoría, ya sea ésta científica, una base de datos o un conjunto de creencias. Diferentes tipos de cambio epistémico son los apropiados en distintas situaciones. El trabajo pionero en este tema es el de Gärdenfors (1988), quien propuso una teoría normativa de cambio epistémico caracterizada por las condiciones que un operador de creencia debe satisfacer.

---

[38] Existen muchos otros enfoques abductivos, entre los que se encuentran estudios en redes bayesianas, coneccionismo y muchos otros de corte computacional en los que el énfasis está en construir algoritmos para generar abducciones, como lo es el de Peng y Reggia (1990), por citar solo uno de ellos.

Los elementos fundamentales de estas teorías son los siguientes. Se parte por un lado de una teoría consistente y cerrada bajo consecuencia lógica, que denotamos por θ y que representa el *estado de creencia*; y por otro lado de un enunciado que denotamos por φ y que representa la creencia a incorporar a θ (nuestra teoría, base de datos o conjunto de creencias). Además, existen tres *actitudes epistémicas* de θ con respecto a φ, éstas son: aceptación ($\varphi \in \theta$), rechazo ($\neg\varphi \in \theta$) o indeterminación ($\varphi \notin \theta, \neg\varphi \notin \theta$); en este último caso se dice que la teoría no tiene ninguna postura con respecto a φ, ni la acepta ni la rechaza. Asimismo, las siguientes tres operaciones caracterizan las maneras que hay para incorporar un enunciado φ en una teoría θ y así modificar el conjunto de creencias:

Expansión: $(\theta + \varphi)$
Contracción: $(\theta - \varphi)$
Revisión: $(\theta * \varphi)$

La expansión consiste simplemente en añadir un enunciado φ aceptado o indeterminado a θ. La contracción consiste en extraer (o borrar) un enunciado φ perteneciente a θ.[39] Finalmente, la revisión se encarga de incorporar aquellos enunciados que están en principio rechazados por la teoría, por lo que no es posible incorporarlos con una simple expansión y mantener la consistencia de θ. Primero se extraen los enunciados que están en conflicto con φ, esto es, se contrae la teoría θ, generando la teoría θ', para luego expandir esta teoría modificada θ' con φ. De estas tres operaciones, la revisión es la más compleja de las tres, de hecho se define como la composición de las otras dos. Además, mientras que la expansión tiene una caracterización única, éste no es el caso ni para la contracción ni para la revisión, ya que diversas fórmulas se pueden extraer obteniendo el mismo efecto. Veamos el siguiente ejemplo de razonamiento práctico de sentido común:

---

[39] Nótese que al realizar esta operación de contracción, es posible que se tengan que extraer otros enunciados más, además del que se quiere extraer. Esto lo ilustraré más adelante cuando presente la caracterización de la "revisión abductiva".

Sea θ la siguiente teoría, compuesta por dos enunciados:

El patio se moja cuando llueve (ll→ m)
Llueve (ll)
Sea φ: El patio no está mojado (¬m)

La actitud epistémica de la teoría θ con respecto al enunciado φ es de rechazo, ya que ésta implica lo contrario (por un Modus Ponens), esto es, que el
patio está mojado (m). Por tanto, para poder incorporar que el patio no está
mojado (¬m) a la teoría sin alterar su consistencia, ésta debe ser revisada.
Pero hay dos posibilidades para este fin: extraer cualesquiera de los enunciados existentes (ll→ m ó ll) nos permitiría expandir la teoría (ya contraída)
con ¬m de manera consistente. En puros términos lógicos sin embargo, no
se puede determinar a través de la operación de contracción cuál de los dos
enunciados debe ser extraído de la teoría y por tanto se necesita un criterio
adicional para tal efecto. Hay varias formas de lidiar con este problema. En
Gärdenfors (1988) se propone la noción de *atrincheramiento*, un orden preferencial que acomoda a los enunciados de acuerdo a su importancia epistémica. Por ejemplo, podemos dar prioridad a las reglas (ll→ m) sobre los
hechos (ll), precisamente porque las primeras pretenden representar relaciones causales mientras que los hechos son contingentes. Esta es la base de
las teorías epistémicas en inteligencia artificial. En la práctica, sin embargo,
estos sistemas son muy diversos. Difieren al menos en los siguientes tres
aspectos:

(a) La representación de los estados de creencia
(b) La representación de las operaciones de cambio epistémico
(c) La postura epistémica con respecto a la cualidad epistémica a preservar

Los estados de creencia pueden ser conjuntos, bases o mundos posibles. Las
operaciones de cambio epistémico pueden capturarse mediante postulados o
por métodos constructivos. Finalmente, mientras que los *fundamentistas* argumentan que toda creencia debe estar justificada, los *coherentistas* consideran
que lo más importante es mantener la consistencia del sistema sin importar
si las creencias están o no justificadas. Hasta aquí dejo la breve descripción
de las teorías de cambio epistémico en la inteligencia artificial. A continuación paso al argumento principal de este capítulo, a saber, que la abducción
puede caracterizarse como una forma de cambio epistémico.

3.3 La abducción como cambio epistémico

La conexión entre la abducción y las teorías de cambio epistémico ya se ha estudiado en la literatura (Boutilier y Becher, 1995; Pagnucco, 1996). En general se considera que el papel de la abducción consiste en la generación de las explicaciones de las creencias a incorporar. Mi argumento con respecto a esta conexión es aún más fuerte: la abducción es una forma de cambio epistémico; ésta juega un papel fundamental que va desde la detonación de la duda misma hasta la incorporación de las nuevas creencias resultantes del proceso de razonamiento abductivo. Debe estar claro sin embargo, que en este contexto, el hecho sorprendente no corresponde necesariamente a una observación, sino que es en general una creencia puesta en duda, para la que se busca una explicación. Recordemos además que de acuerdo a Peirce, la creencia resultante no contará como tal hasta que esté corroborada empíricamente. Veamos algunas razones que justifican este argumento.

Como ya lo hemos visto, de acuerdo a la formulación de abducción de Peirce, el razonamiento abductivo se dispara por un *hecho sorprendente*. Sin embargo, la noción de sorpresa es relativa, ya que un hecho es sorprendente solo con respecto a una teoría θ de trasfondo que provee de 'expectativas'. Lo que es sorprendente para mi (eg. que las luces del cuarto de la fotocopiadora se enciendan en cuanto entro), puede no serlo para tí. Por tanto, un hecho sorprendente lo caracterizo como aquél que *detona* una novedad o una anomalía; ambos casos requieren de una explicación. Pasemos a precisar la caracterización de los detonadores abductivos en primer lugar:[40]

Novedad abductiva ($\theta \not\!\!\Longrightarrow \varphi$, $\theta \not\!\!\Longrightarrow \neg\varphi$):

φ es novedoso. No puede ser explicado ($\theta \not\!\!\Longrightarrow \varphi$) ni tampoco su negación ($\theta \not\!\!\Longrightarrow \neg\varphi$).

---

[40] Aprovecho para hacer un par de aclaraciones sobre la notación utilizada en estas caracterizaciones, así como sobre su significado. Como sugerí en la introducción a este libro, el esquema lógico de la abducción es una relación lógica expresada por medio de una implicación ($\Rightarrow$) que involucra tres elementos: la observación o creencia φ, la explicación abductiva α y la teoría θ de trasfondo. Esta implicación representa un parámetro inferencial; la relación lógica que indica puede ser la de consecuencia lógica clásica, inferencia estadística o incluso algún otro tipo de inferencia no clásica. Nótese además que esta caracterización lógica representa una relación de explicación, importando con ello todos los problemas ya bien conocidos en la Filosofía de la Ciencia que esto trae consigo.

Anomalía abductiva ($\theta \not\Rightarrow \varphi$, $\theta \Rightarrow \neg\varphi$):

φ es anómalo. No puede ser explicado ($\theta \not\Rightarrow \varphi$), y de hecho la teoría da cuenta de su negación ($\theta \Rightarrow \neg\varphi$).

Los hechos que no son sorprendentes, aquellos que ya son explicados ($\theta \Rightarrow \varphi$) no debieran ser candidatos para explicación. Sin embargo, uno pudiera especular que si la teoría de trasfondo θ infiere a φ de manera probabilística, tal vez se pudiera necesitar una explicación de algún tipo para hacer 'más certera' la relación entre la teoría θ y el hecho φ. Más aún, aunque un hecho ya sea explicado, puede haber una razón para buscar otra explicación más fuerte en algún sentido, por ejemplo alguna con más capacidad explicativa.

Paso ahora a caracterizar las operaciones abductivas de cambio epistémico que inducen cada uno de los detonadores abductivos:

Expansión abductiva

Dada una novedad abductiva φ ($\theta \not\Rightarrow \varphi$, $\theta \not\Rightarrow \neg\varphi$), una explicación consistente α se calcula de forma tal que cumpla: $\theta, \alpha \Rightarrow \varphi$.

Como resultado de esta operación, se añade α a la teoría θ por medio de una expansión: $\theta + \alpha$.[41]

Revisión abductiva

Dada una anomalía abductiva φ ($\theta \not\Rightarrow \varphi$, $\theta \Rightarrow \neg\varphi$), una explicación consistente α se calcula de la siguiente manera: Primero se revisa θ de forma tal que no de cuenta de $\neg\varphi$. Esto es, se obtiene una θ' que cumpla: $\theta' \not\Rightarrow \neg\varphi$.[42] Una vez obtenida θ', se obtiene una explicación α consistente con θ' de forma tal que cumpla: $\theta', \alpha \Rightarrow \varphi$, lo que remite al caso anterior que involucra la operación de expansión.

La caracterización de la revisión abductiva muestra claramente que el proceso de revisión involucra a las operaciones de contracción y de expansión. El

---

[41] Nótese que φ también se agrega por ser θ una teoría cerrada bajo consecuencia lógica.

[42] Esto es: $\theta' = \theta - \{\beta_1, ..., \beta_n\}$. En muchos casos, varias fórmulas y no sólo una deben extraerse de la teoría. Por ejemplo: Sea $\theta = \{\alpha \rightarrow \beta, \alpha, \beta\}$ y $\varphi = \neg\beta$. Para hacer $\theta, \neg\beta$ consistente, uno debe extraer $\{\beta, \alpha\}$ ó $\{\beta, \alpha \rightarrow \beta\}$.

proceso abductivo de cambio epistémico se describe como sigue: el razonamiento abductivo se detona por una sorpresa, la cual genera una duda que puede ser de dos tipos: novedad o anomalía. En el primer caso el fenómeno a explicar es totalmente nuevo y consistente con la teoría, por lo que su explicación se calcula y se incorpora a la teoría por medio de la operación de expansión. En el segundo caso, cuando el hecho es anómalo, la operación de revisión es la apropiada. La teoría se revisa de forma tal que en primer lugar la operación de contracción resulte en una teoría que no esté en conflicto con el hecho a explicar; para enseguida calcular la explicación que se incorpora a la teoría contraída por medio de la operación de expansión. De esta manera capturo la idea de abducción como cambio epistémico que Peirce propone en términos más actuales, a través de las operaciones de cambio epistémico en la inteligencia artificial.

3.4 Conclusiones

Las nociones de inferencia lógica y de abducción que Peirce propuso están ligadas a su epistemología, una visión dinámica del pensamiento como una indagación lógica, y corresponden a una preocupación filosófica muy profunda, la de descifrar la naturaleza del razonamiento sintético.

En este capítulo mi objetivo consistió en proponer a la abducción como un proceso epistémico de adquisición de conocimiento. Para este fin, combiné elementos epistémicos del modelo Peirceano y de enfoques en la inteligencia artificial. En particular enfoqué mi análisis en el papel que la *sorpresa* juega en la forma lógica de la abducción para luego hacer una conexión con las teorías de cambio epistémico en inteligencia artificial, específicamente con la teoría inicialmente propuesta por Gärdenfors (1988).

Una consecuencia natural de esta interpretación es que la formulación lógica abductiva propuesta por Peirce es la de un proceso y no la de un argumento, como generalmente se ha entendido. La abducción es un fenómeno complejo que requiere de un análisis muy minucioso. Este tipo de razonamiento puede tomar diversas formas que dependen de la relación de consecuencia lógica seleccionada para su representación. Como argumenté en detalle, no hay una única forma de razonamiento abductivo; hay al menos dos tipos de detonadores abductivos (novedad y anomalía), cada uno de los cuales induce operaciones distintas cuya finalidad consiste en incorporar la nueva creencia y su explicación a la teoría.

4 EXPECTATIVAS

La Lógica es el sistema inmunológico
de la mente!
van Benthem (2007, p. 273)

4.1 La función cognoscitiva de la lógica y su justificación epistémica

Operaciones Cognitivas

El estudio reciente de operaciones cognitivas como operaciones lógicas, sugiere un retorno renovado del psicologismo, a saber, la postura de que las reglas de la lógica están basadas en hechos psicológicos.[43] Dos trabajos en esta dirección y con un enfoque similar al propuesto en este capítulo son, por un lado, el de John Woods (1937-) (2002), quien sugiere el término *economía cognitiva* para el estudio de las estrategias de distribución y manejo de nuestros recursos cognitivos limitados frente a las necesidades cognitivas de procesamiento de la información que nos presenta la realidad. Menciona dos estrategias cognitivas típicas de un individuo: la *generalización precipitada* y el *rumor*. Por otro lado, está el trabajo de Dov Gabbay y John Woods (2005), en el cual los autores caracterizan la noción de *agencia práctica*, según la cual la abducción es la estrategia para satisfacer (en lugar de maximizar) la respuesta a la meta cognitiva del agente.[44]

En cualquier caso, bajo esta perspectiva nos encontramos en el centro de las Ciencias Cognitivas, donde varias disciplinas y enfoques convergen para trabajar en una pregunta, en este caso la referente a los procesos cognitivos subyacentes modelados por operaciones lógicas que guían nuestras inferencias y que nos permiten con ello tomar decisiones.

En cuanto a la literatura filosófica más clásica, la tradición Pragmatista es la base filosófica para mi reflexión, ya que resulta ser la más sugerente y útil para la construcción de mi propia propuesta. Este enfoque filosófico es

---

[43] Para una publicación reciente sobre esta cuestión, véase Leitgeb (2008).
[44] La cognición también se propone como un proceso cultural en Eraña y Mateos (2009), lo que claramente sugiere que la cognición se sitúa más allá de los límites de lo mental.

propuesto inicialmente por Peirce[45] y seguido, en algunos aspectos, por Russell. Como ya he mostrado en detalle en el capítulo anterior, para Peirce todas las operaciones cognitivas son lógicas, desde las involucradas en la percepción hasta las inmersas en el descubrimiento. Russell estaba interesado en el conocimiento humano y encontró en la lógica no deductiva un modelo para su análisis, aunque a diferencia de Peirce, Russell no reconoce a la lógica abductiva:

> Hay dos tipos de lógica, la *deductiva* y la *inductiva*. Una inferencia deductiva, si es lógicamente correcta, da tanta certeza a la conclusión como las premisas, mientras que una inferencia inductiva, aún cuando obedece a todas las reglas de la lógica, solamente hace la conclusión probable aún cuando las premisas sean certeras. (Russell, 1974, p.38; traducción mía)

Otro aspecto de su investigación es el relacionado con la cuestión de si acaso estas formas de inferencia no deductiva de hecho garantizan algún tipo de conocimiento; Russell explora el Pragmatismo para este propósito, cuestión que le fue igualmente útil, para distanciarse de los positivistas. Nos detenemos por tanto a analizar la cuestión sobre la justificación epistémica de las formas no deductivas de razonamiento, en particular de la inducción y de la abducción.

Justificación epistémica

Con respecto a la inferencia inductiva, ésta relaciona las premisas con la conclusión sólo de manera probable y por tanto no ofrece certeza absoluta. Una de las formas más conocidas de este tipo de razonamiento, la inducción enumerativa, parte de las instancias de casos particulares del mismo tipo (e.g. el primer cuervo es negro, el segundo cuervo es negro,..., el cuervo enésimo es negro) y produce como conclusión la generalización de estas instancias (todos los cuervos son negros). Esto es, genera una predicción a partir de instancias pasadas: el siguiente cuervo será negro.[46] A diferencia de

---

[45] Para un análisis a profundidad de la propuesta de Peirce véase Hookway (2012). Aquí solo agrego que para Peirce la abducción es de hecho la lógica subyacente de esta postura filosófica que él propone y sostiene. Para un análisis de la conexión entre el pragmatismo de Peirce y la abducción, véase Aliseda (2003, 2006, capítulo 7).

[46] La inducción enumerativa es la base del Frecuentismo, uno de los enfoques de la probabilidad, según el cual las predicciones probabilísticas se sustentan en casos del pasado que se han comportado de manera regular. Existen otros enfoques, de los

la deducción, que cuenta con una justificación lógica para la validez de los argumentos que caracteriza, en la inducción no hay una justificación lógica de este tipo; la argumentación no es válida deductivamente ya que las conclusiones son falibles, pueden refutarse con información adicional (e.g. el cuervo que veo en este momento no es negro). Por tanto, la predicción que hacemos en la inferencia inductiva no es absolutamente certera.

La cuestión que concierne a si una conclusión inductiva está justificada epistémicamente, esto es, si produce de hecho conocimiento, es mejor conocida como el problema de la inducción; originalmente postulado por el filósofo David Hume (1711-1776). Desde el punto de vista lógico una de las propuestas de solución a este problema, se debe a Rudolf Carnap (1891-1970), quien desarrolla una Lógica Inductiva con base en las leyes de la probabilidad. La idea clave es la de confirmación: una relación lógica llamada grado de inferencia parcial entre dos tipos de enunciados, aquel que representa a la evidencia y aquel que representa a la hipótesis en cuestión. Una manera muy natural de postular la justificación del razonamiento inductivo –desde la postura Frecuentista- es la afirmación de que la justificación de una conclusión inductiva se consigue a la larga ("in the long run", CP, 7.207), como ya lo presentamos en la capítulo anterior a través de las formas silogísticas propuestas por Peirce.

En cualquier caso, este tema ha generado una inmensidad de bibliografía Lógica y Filosófica que argumenta que la inducción no cuenta con una justificación lógica robusta, como en el caso de la deducción. Algunos lógicos opinan que no tiene caso investigar una inferencia falible de manera formal. De hecho, la única inducción pura y perfecta es la *inducción matemática*. Ésta involucra un método para probar propiedades sobre conjuntos infinitos (como el de los números naturales: 1, 2, 3, …). En este caso, su certidumbre radica precisamente en la seguridad de que tal conjunto infinito es regular: no hay espacio para sorpresas en el comportamiento de los números naturales.[47]

---

cuales resalta el Bayesianismo, según el cual dado un grado de creencia inicial en una hipótesis, los agentes calculan la probabilidad de esa hipótesis con respecto a una evidencia, mediante la llamada "Regla de Bayes". En este enfoque, la inducción es el proceso de actualización de los grados de creencia en una hipótesis con respecto a evidencia nueva.

[47] Por otra parte y como un asunto que refiere al mundo de la literatura, nótese que quienes han entendido muy bien cómo sacarle ventaja a la inducción enumerativa son las aseguradoras. Los humanos compramos seguros de vida porque –debido a

En el caso de la abducción, las premisas están relacionadas con su conclusión sólo de manera plausible y lo que postula la conclusión es sólo una hipótesis, la cual debe corroborarse empíricamente. En este caso, la justificación está muy lejos de ser un argumento propiamente lógico, ni siquiera se puede aludir a la frecuencia de un suceso, como es el caso de la inducción. De hecho, la inferencia abductiva parte de una sola instancia, que junto con una teoría de trasfondo, produce una (o varias) hipótesis como conclusión. Peirce ofrece tres argumentos justificatorios a favor de la abducción: el argumento *evolutivo*, el del *éxito* y el de la *desesperación*, según la clasificación ofrecida en Kapitan (1997). El primero de ellos (el evolutivo) afirma que dado que la mente humana se ha desarrollo bajo la influencia de las leyes naturales, tiene la facultad innata de adivinar correctamente, de pensar acorde a la naturaleza. Por lo tanto, las conclusiones abductivas que la mente produce tienden a ser las verdaderas (cf. MS 876:5). El segundo de ellos (el del éxito) está relacionado con la corroboración exitosa de las inferencias abductivas; los humanos no habrían sobrevivido si no contaran con las hipótesis exitosas que el pensamiento abductivo ha producido (cf. MS 637: 6-9, 2,270, 786 y 6.603, NEM 4:320). El tercero de ellos (desesperación), se refiere a un argumento según el cual la inferencia abductiva es nuestra única esperanza para obtener explicaciones racionales de los hechos sorprendentes (cf. CP 2.777, 5.145). Si bien todos estos argumentos son interesantes en sí mismos, han sido sujetos de fuertes críticas. Los argumentos evolucionista y de éxito están por un lado relacionados con la visión Peirceana precursora de la idea de *aproximación a la verdad* en la Filosofía de la Ciencia y asumen por tanto una postura realista. Por otro lado, estos argumentos son la base para la justificación de la inferencia a la mejor explicación. Para una revisión a fondo de estas cuestiones véase Rescher (1978) y van Fraassen (1980).

4.2 Construcción de expectativas: inducción

El propósito de esta sección es presentar el funcionamiento de la inferencia inductiva como una estrategia cognitiva para la construcción de expectativas acerca del mundo. Muchas de nuestras expectativas sobre el mundo están

---

la inducción—tenemos la expectativa de que eventualmente nos vamos a morir. En un mundo ficticio, como el que propone José Saramago en su novela *Las intermitencias de la muerte*, donde la muerte ha desaparecido y por tanto, de un momento a otro se ha refutado la creencia "todos los hombres son mortales". Los nuevos inmortales se dan cuenta de que ya no tiene caso seguir pagando sus pólizas de seguros de vida y piden cancelarlas. (Véase Aliseda, 2008)

basadas en creencias, mismas que hemos construido por la acción repetida de sucesos y que nos permiten hacer inferencias sobre el mundo: vemos una puerta a punto de azotar y esperamos oír un ruido, vemos a una amiga que se aproxima en el pasillo y esperamos que nos salude. Hasta aquí nos equiparamos los seres humanos a los animales, al menos a los seres vertebrados. Veamos lo que Russell nos dice al respecto:

> Psicológicamente, la inducción comienza a partir de una predisposición animal. Un animal que ha tenido la experiencia de que las cosas suceden de cierta forma, se comportará como si esperara que sucedieran de igual manera en la siguiente ocasión. (Russell, 1974, p. 46; traducción mía)

> La lógica inductiva es un intento por justificar esta predisposición animal, en la medida en que ésta puede justificarse. No puede justificarse en su totalidad, ya que después de todo, cosas sorprendentes suceden de cuando en cuando. (Russell, 1948, p. 48; traducción mía)

Si un perro recibe su comida regularmente por la mañana temprano, esperará su comida cada mañana. El signo de que tomamos su plato, le indica que su comida está en camino. Crea una expectativa con la cual minimiza la incertidumbre sobre una de sus necesidades vitales: alimentarse. Sin embargo, podría sucederle algo similar que al pollo de Bertrand Russell, al cual después de haber sido alimentado por un mismo sujeto toda su vida, éste le corta finalmente el pescuezo:

> Habría sido mejor para el pollo si sus inferencias inductivas hubieran sido menos crudas. La lógica inductiva pretende decirte qué tipo de inferencias inductivas son las que menos probablemente te conducen a sufrir la desilusión trágica del pollo. (Russell, 1974, p. 48; traducción mía)[48]

Lo anterior ilustra la inferencia inductiva, mejor conocida como *inducción enumerativa*. Presupone eventos repetidos o instancias del mismo tipo, fenómenos que indican una regularidad en la naturaleza; el producto de esta infe-

---

[48] En México, esta situación tiene como protagonista al guajolote, animal que refiere al pavo, como se le conoce más extensamente en todo país de habla hispana. La palabra "guajolote" proviene del náhuatl (huexolotl) y significa "gran monstruo". Para algunos, la diferencia entre "guajolote" y "pavo" consiste en que el primero refiere al animal vivo que se transforma en el segundo, una vez que lo matan para convertirlo en el platillo principal de la cena de Nochebuena. Así podemos hablar de *la desilusión del guajolote*, lo que da título a uno de mis trabajos de divulgación de la lógica inductiva. (cf. Aliseda, 2008)

rencia es una generalización de esos casos, que en sí misma constituye una expectativa de eventos futuros. Es una inferencia falible y su resultado es sólo probable. Sin embargo, es lo mejor que tenemos para construir expectativas del mundo basándonos en experiencias pasadas.

En la tradición filosófica Pragmatista, las expectativas son un tipo de creencias que inducen hábitos, ya sean éstos mentales o de acción (véase el capítulo 3). La generación de expectativas involucra creencias en leyes causales; pero en su forma más primitiva, no parecen involucrar propiamente una creencia, lo que lleva a Russell a hablar de la *inferencia animal*. De acuerdo con él, hay tres niveles en la construcción de expectativas. En el caso del perro, que ejemplifica el primer nivel, la presencia de su amo sacando el plato genera la expectativa de que comerá en breve, aunque el perro no está consciente de la conexión causal entre el amo sacando su plato y la llegada de la comida; por lo tanto es discutible si el perro genera una creencia a partir de la expectativa. En un segundo nivel, se genera la creencia "A está presente, por lo tanto también B lo está" y sólo en el tercer nivel la siguiente generalización hipotética se genera: "Si A está presente, también B lo estará". Por lo tanto, la generación de expectativas y creencias en conexiones causales, es un proceso cognitivo complejo, que induce un hábito de acción en general exitoso, pero en cuanto a su justificación, sólo cuenta con un estatus hipotético.

Todo esto sugiere que la adquisición de nuestros hábitos –mentales y de acción— es producto de una capacidad lógica que ponemos en acción en nuestra cotidiana interacción con el mundo, como lo postula el Pragmatismo en la voz de Peirce y que examinamos en el capítulo anterior. Para transitar tranquilamente por un mundo regular pero falible, necesitamos hacer inferencias inductivas y confiar en ellas, aún cuando éstas puedan fallar. ¡Imagine que no pudiésemos esperar que todos los días amanece!

Desde esta perspectiva, la lógica puede verse como una estrategia cognitiva de producción de conocimiento, según la cual las operaciones lógicas modelan procesos cognitivos. En el caso particular del proceso cognitivo a través de la cual se construyen expectativas acerca del mundo, es la inducción enumerativa la operación lógica que la modela, la cual nos deja comportarnos con tanta seguridad como lo probable lo permita.

4.3 Detección de fallas en las expectativas: abducción

En esta sección analizo a la inferencia abductiva en su relación con las expectativas. En este caso no se trata de la operación lógica que modela la operación cognitiva de construcción de expectativas, como es el caso de la inducción, sino todo lo contrario: sugiero a la inferencia abductiva como modeladora de una estrategia cognitiva para la detección tanto de la ausencia como de conflictos de expectativas acerca del mundo, así como de una estrategia cognitiva de reparación de nuestro cuerpo de creencias; esto es, de un procedimiento que se pone en marcha cuando las expectativas fallan o están ausentes. Para tal fin haré uso de la interpretación de la abducción como cambio epistémico presentada en el capítulo anterior, aunque aquí me limitaré a analizar en detalle la primera parte de la abducción como estrategia cognitiva, esto es, la referente a la detección de la ausencia ó conflicto en las expectativas.

Sorpresa y expectativas

Recordemos que la relación entre los detonadores del razonamiento abductivo (novedad, anomalía) y las expectativas, en el modelo de Peirce, concierne a los modos de romper un hábito –o lo que es lo mismo desde esta perspectiva– a las variedades de sorpresa:

> La sorpresa tiene sus variedades activa y pasiva; la primera se da cuando uno percibe positivamente conflictos dada una expectativa, la segunda cuando no se tiene una expectativa positiva sino sólo la ausencia de cualquier sospecha de que ocurra algo fuera de lo común totalmente inesperado –como un eclipse total de sol que uno no había previsto. (CP, 8.315; traducción mía)

Analicemos esto con cuidado. La segunda clase de sorpresa (anomalía) se detona precisamente cuando el agente cognitivo confronta alguna de sus expectativas con su experiencia, de tal manera que no sucede lo esperado. En este caso, para resolver la anomalía, es necesaria una revisión del cuerpo de creencias –y por tanto de expectativas– a través de la eliminación de algunas de ellas, para así poder reparar el cuerpo de conocimiento. Retomemos –con una ligera modificación– el ejemplo del perro que mencioné muy brevemente en la sección anterior. Supongamos que un perro recibe su comida después de ver que se enciende un foco. Después de unas cuantas repeticiones de esta situación, el perro anticipará la comida dado el fenómeno del encendido del foco y por tanto generará la siguiente expectativa expresada a través de la creencia: "cuando se encienda el foco, llegará mi comida". Supongamos ahora que cambiamos la situación. Movemos al perro a un lugar totalmente distinto donde también hay un foco, aunque en esta nueva situación, se le da comida al perro cuando apagamos el foco. Las primeras veces que suceda esto, el perro estará confundido, sus expectativas acerca del alimento entran en conflicto. Pero pronto se adaptará a la nueva situación y sustituirá la vieja expectativa por una nueva: "cuando se apague el foco, llegará mi comida".[49]

Veamos ahora el primer tipo de sorpresa (novedad). No es claro cómo es posible caracterizar la ausencia de expectativas, pues en principio: ¿es posible hablar de una ausencia total de expectativas? El ejemplo al que Peirce nos remite en el pasaje citado arriba –un eclipse total de sol no previsto—es el caso de un evento inesperado sobre lo cual hay una "ausencia de cualquier sospecha de que ocurra", lo que nos indica que se trata de una novedad; no hay expectativa alguna ni de que ocurra ni de que no ocurra.

En resumen, el proceso cognitivo que modela el razonamiento abductivo, en tanto detector de problemas con las expectativas, apunta a dos tipos de situaciones que describimos como sigue: una experiencia novedosa o anómala ocasiona un fenómeno sorpresivo, generando un estado de duda que rompe un hábito de creencia, mismo que dispara el razonamiento abductivo. El primer caso pone de manifiesto que hay una ausencia de expectativas, pues no se tiene ninguna creencia con respecto a un hecho novedoso, como el ilustrado sobre un inesperado eclipse total de sol. El segundo caso, por otra parte, pone de manifiesto un conflicto de expectativas y la sorpresa radica en que esperamos algo contrario a lo que ocurre, como el ejemplo ilustrado del perro que no recibe su comida cuando se prende un foco, sino cuando éste se apaga.

De esta manera, ilustramos a la abducción como una estrategia cognitiva de detección de problemas con las expectativas, tanto de su ausencia como de conflictos entre ellas. Sobre la revisión de expectativas, tal y como lo vimos en el capítulo anterior, no hay una única manera en que ésta puede llevarse a cabo. Podemos decir que en el caso del perro, éste simplemente intercambia una expectativa pasada por una nueva ("recibo mi comida al prenderse un foco" por: "recibo mi comida al apagarse un foco"), pero no realiza un proceso complejo de revisión de creencias, ya que como apuntaba Russell, en el caso de las "inferencias animales" las expectativas en su forma más primitiva no generan propiamente creencias. En casos de descubrimiento científico, sin embargo, la resolución de anomalías sí que requiere de una revisión, a veces muy radical, de la teoría científica en cuestión. Cerraré esta sección

---

[49] Debo este ejemplo a Arturo Ramos Argott (comunicación personal).

con un ejemplo de la historia de la ciencia que es tan ilustrativo como controversial en cuanto al papel que juegan las inferencias en los descubrimientos científicos:

Se ha argumentado (Hanson, 1961; CP, 2.623) que el descubrimiento atribuido a Johannes Kepler (1571-1630) de que las órbitas de los planetas es elíptica en vez de circular, es una pieza de razonamiento abductivo por excelencia. A partir de las medidas sobre la posición de los planetas que registra el astrónomo Tycho Brahe (1546-1601), Kepler se percata de que las longitudes de Marte no se ajustan a órbitas circulares (una anomalía), pero antes de siquiera soñar que la mejor explicación involucraba elipses en lugar de círculos, experimentó con otras formas geométricas. Más aún, Kepler tuvo que considerar otras suposiciones acerca del sistema planetario, sin las cuales su descubrimiento hubiera sido imposible. Su visión heliocéntrica le permitió pensar que el sol, tan cercano al centro del sistema planetario y de tamaño tan grande, debería de alguna manera causar el movimiento de los planetas. Además de realizar esta conjetura, Kepler tuvo que generalizar (inductivamente) los resultados de Marte a todos los planetas, asumiendo que las mismas condiciones físicas se preservan en el sistema solar. Este es un caso complejo ya que involucra entretener hipótesis iniciales y realizar experimentación con varias de ellas. Requiere además del uso de conocimiento previo que resulta clave para obtener conclusiones y para realizar más inferencias, no todas ellas abductivas. Las controversias en torno a este descubrimiento refieren justamente al tipo de inferencias realizadas así como a las hipótesis de las que se parte. A diferencia de Hanson y Peirce, para John Stuart Mill (1806-1873) (Mill, 1858, Libro III, cap. II.3) el razonamiento realizado por Kepler consistió es una simple descripción de datos. Para Thagard (1992), por otra parte, este descubrimiento se pudo haber hecho sin la hipótesis heliocéntrica y asumiendo en cambio que la tierra estaba estática y que el sol se mueve alrededor de ella. Finalmente, una reconstrucción de este descubrimiento, un tanto distinta de las anteriores, se encuentra en Langley et.al. (1987).

4.4 Conclusiones

En este capítulo propuse que algunos procesos cognitivos pueden ser modelados por operaciones lógicas, las cuales guían nuestras inferencias ya sea en el razonamiento práctico o en el teórico. En particular, me concentré en explorar las estrategias lógicas para lidiar con las expectativas y mostré que la construcción de expectativas se puede modelar de una manera lógica, a través de la lógica de la inducción, y para el caso cuando las expectativas están ausentes o entran en conflicto, hay otra forma lógica tanto de detección como de reparación, esta vez la lógica de la abducción. La abducción es asimismo una estrategia cognitiva de "reparación" de nuestro cuerpo de creencias; un procedimiento que se pone en marcha cuando las expectativas fallan o están ausentes y que puede ser más o menos complejo.

Esta perspectiva en donde las inferencias lógicas funcionan como (representaciones de) herramientas para operar procesos cognitivos, en este caso los usados para lidiar con expectativas, no es de ningún modo exhaustiva ni tampoco extraña. No es exhaustiva porque, por un lado, claramente hay un sinfín de procesos cognitivos que se prestan a ser modelados lógicamente y no he dicho nada sobre cuáles podrían ser éstos. Por otro lado, el tema de las expectativas tiene, de suyo, otros aspectos de interés por sí mismos y de interés para su modelación lógica. Uno de ellos concierne el estudio de las acciones coordinadas en un grupo de agentes, sobre lo que se ha investigado que la inclinación a obedecer una norma depende, en gran medida, de que el agente tenga la expectativa de que otros la sigan y de la creencia de que los demás tienen la expectativa de que uno la obedecerá de igual manera (Bichieri, 2008). En este caso, modelos para representar el "conocimiento común" de un grupo de agentes parecen ser los apropiados. Esta perspectiva de la lógica tampoco es tan extraña hoy día, como nos lo hace notar Johan van Benthem, en el siguiente pasaje completo de la cita con la que abrimos este capítulo:

> Mi visión de la lógica hoy día: no como una guardiana de la verdad absoluta y de la consistencia, sino más bien como una ruta para lidiar con las sorpresas continuas que la vida intelectual nos depara, ya sean éstas provenientes de la Naturaleza misma o de nuestras interacciones con otras personas. Si usted quiere (y es mi caso): *la Lógica es el sistema inmunológico de la mente!* (van Benthem, 2007, p.273; traducción mía)

En mi visión, al igual que en el Pragmatismo, la epistemología y la lógica están entrelazadas. Algunos objetos de la lógica funcionan como herramientas para representar operaciones cognitivas, mismas que modelan estrategias de razonamiento que nos permiten a los agentes racionales actuar en un mundo regular, pero variado y dinámico.

III INFERENCIA

5 RAZONAMIENTO

Yo no lo sé de cierto,
lo supongo.
(Sabines, 1991, p. 15)

5.1 La búsqueda de un marco lógico general
Lógicas no-monótonas en Inteligencia Artificial
La proliferación de sistemas no-monótonos a partir de los años ochenta del siglo pasado resultó ser un reto para los lógicos, ya que surge la necesidad de contar con un marco general donde pudieran analizarse y compararse los múltiples y diversos sistemas lógicos recién propuestos, así como la pretensión de establecer criterios para identificar al tipo de sistemas formales que debían aceptarse como lógicos, pues la lógica estaba ya fuera del dominio de las matemáticas, sin reglas claras ni límites bien establecidos. Una perspectiva privilegiada, el enfoque axiomático, puso el foco de atención en la noción de consecuencia lógica y en el estudio de sus propiedades, como a continuación se relata:

> En un intento por poner un poco de orden en lo que entonces era un campo caótico, Gabbay se preguntó por las propiedades mínimas que una relación de consecuencia $A_1, ..., A_n \vdash B$ debiera cumplir para ser considerada como una lógica. En su influyente artículo sobre este tema (Gabbay, 1985) propuso las siguientes propiedades:

Reflexividad: $\Delta, A \vdash A$

Monotonía Restringida:
$$\frac{\Delta \vdash A \qquad \Delta \vdash B}{\Delta, A \vdash B}$$

Corte:
$$\frac{\Delta, A \vdash B \qquad \Delta \vdash A}{\Delta \vdash B}$$

La idea es clasificar a los sistemas no-monótonos por medio de las propiedades que sus relaciones de consecuencia cumplen. Kraus-Lehman-Magidor desarrollaron la semántica preferencial correspondiente a varias de las condiciones adicionales de ⊢ y esto fue lo que dio origen al campo ahora conocido como *el enfoque axiomático a las lógicas no-monótonas*. (Ohlbach y Reyle, 1999, p. 16, traducción y énfasis míos)

Este tipo de análisis comenzó con Dana Scott (1932-) y a su vez está inspirado en los primeros trabajos de Alfred Tarksi (1902-1983) sobre consecuencia lógica y en los de Gerhard Gentzen (1909-1945) sobre Deducción Natural. La idea consiste en describir un estilo de inferencia a un nivel puramente abstracto, haciendo alusión exclusivamente a su estructura y propiedades combinatorias; a este tipo de análisis se le conoce también como *lógico estructural* y se describe como sigue:

Una noción de inferencia lógica puede caracterizarse completamente por medio de sus propiedades combinatorias y estructurales, expresadas éstas en reglas estructurales.

Las reglas estructurales son instrucciones que nos dicen, por ejemplo, que una inferencia válida lo sigue siendo cuando añadimos premisas (monotonía) o que podemos encadenar inferencias de una manera segura (transitividad o corte). El formato general es el de secuentes lógicos, los cuales consisten de una secuencia finita de premisas del lado izquierdo y de una conclusión de lado derecho de la flecha del secuente: $\Delta \Rightarrow B$.

El enfoque axiomático ha sido muy exitoso en la inteligencia artificial para el estudio de diferentes tipos de razonamiento plausible y ha servido como un marco general para la representación de la inferencia, así como en general de las relaciones de consecuencia no-monótonas (Gabbay, 1985, 1994). Una de las contribuciones importantes ha sido la de contar con un marco que caracteriza a las nociones de consecuencia lógica por las propiedades que sí cumplen, en contraste con otras clasificaciones en donde se presentan simplemente como lógicas no-monótonas porque no cumplen con la regla de monotonía clásica.

Sin embargo, la propuesta original de Gabbay sobre cuáles son esas reglas que todo sistema debe validar, fue refutada por él mismo. Aproximadamente diez años después del trascendente artículo arriba citado, él mismo nos reporta:

Aunque se obtuvo alguna clasificación y se probaron algunos resultados semánticos, el enfoque no parece ser lo suficientemente robusto. Hay muchos sistemas que no satisfacen monotonía restringida.
Otros sistemas, como la lógica relevante, no satisfacen ni siquiera reflexividad. Aún otros sistemas cuentan con riquezas propias que se
pierden en una representación tan simple como lo es la de una relación de consecuencia axiomática. Obviamente, se necesita de un enfoque distinto, uno que sea más adecuado dada la variedad de aspectos de los sistemas en la disciplina. (Gabbay, 1994, p. 184; traducción
mía)

Como es bien sabido, fue entonces cuando Gabbay (1996) propuso los *Sistemas Deductivos Etiquetados* (Labelled Deductive Systems), que son ciertamente un marco mucho más robusto para los sistemas lógicos. En cualquier caso, la pregunta sobre cuáles son esas reglas estructurales que un sistema debe satisfacer para ser considerado como lógico, se quedó sin respuesta.

Sin embargo, muchos de los sistemas propuestos para aplicaciones en la
inteligencia artificial, aunque claramente son no-monótonos por naturaleza,
esto no quiere decir que no validen ninguna otra forma particular de monotonía, reflexividad y corte. Por tanto, en mi opinión, en lugar de preguntar-
nos por cuál es el conjunto mínimo de reglas o propiedades que todo sistema que se precie de ser lógico debe cumplir, lo que debemos es preguntar-
nos por el *conjunto de esquema mínimo* de reglas estructurales que un sistema
debe validar para ser considerado como lógico. Mi propuesta es que para
cada caso, este esquema debe estar instanciado por formas particulares de
monotonía, reflexividad y corte, que pueden variar de sistema a sistema. En
otras palabras, todo sistema que se precie de ser lógico debe al menos cumplir con lo siguiente: en primer lugar, debe tener algún modo seguro de preservar la validez de una inferencia cuando se añaden premisas al sistema
(monotonía). En segundo lugar, debe tener algún modo para permitir que
las inferencias puedan encadenarse (transitividad o corte) y en tercer lugar,
debe tener la capacidad de autorreflexión, aunque sea sólo bajo ciertas condiciones (reflexividad). Cada una de estas propiedades puede o no coincidir
con las que valen para la consecuencia lógica clásica.

La pregunta sobre cuál es el *conjunto de esquema mínimo* de reglas estructurales
que un sistema lógico debe validar está relacionada íntimamente con la pregunta de la demarcación en la lógica, este es, con el problema de proveer
una división apropiada para distinguir dentro de los sistemas formales, aquellos que son lógicos de los que no lo son. Aún cuando decidamos que la

pregunta sobre la demarcación en lógica es una pregunta abierta o sin respuesta única, mi postura es que podemos de todas maneras proponer un criterio de demarcación basado en un *conjunto de esquema mínimo* de reglas estructurales que caracterice a los sistemas formales como lógicos.[50]

Lógicas para la argumentación derrotable

El análisis abstracto de nociones lógicas ha sido estudiado desde otras perspectivas, entre las cuales destaca el análisis abstracto de la noción de argumento. Esta tradición parte de la teoría de la argumentación de Toulmin (1958), según la cual toda aseveración se defiende apelando a suposiciones relevantes que forman parte del cuerpo de conocimiento del agente y constituyen las garantías de las justificaciones que respaldan a la aseveración en cuestión. Estas garantías puede ser más o menos débiles, por lo que la *fuerza* con la que se relaciona la aseveración con los datos iniciales determina el grado de certeza de la aseveración original.

Desde la perspectiva computacional a esta tradición se le conoce como "Lógicas para la argumentación derrotable" (Logics for defeasible argumentation) o simplemente como "sistemas de argumentación" (argumentation systems); iniciada por Dung (1995) y desarrollada posteriormente por Prakken y Vreeswijk (2002). Estos sistemas son no-monótonos y siguen un cierto estándar de aceptabilidad que identifica a los argumentos justificados. El análisis que se ofrece a nivel abstracto es sobre la interacción entre argumentos y se han identificado casos como cuando dos argumentos entran en conflicto, esto es, cuando no se puede sostener ninguna de las dos posturas sin negar la otra, lo que en el extremo caracteriza a los argumentos "auto-derrotables", a las paradojas.

El estudio abstracto de las interacciones entre argumentos ha dado lugar a una Metateoría formal ofreciendo así un marco común para el estudio y la comparación de los diversos sistemas. En este sentido, este análisis es afín al enfoque axiomático que seguimos en este capítulo, aunque en nuestro caso la noción estudiada es la de consecuencia lógica. Algunos trabajos pioneros

---

[50] Hay otros intentos por proveer de un criterio de demarcación para la lógica y en esto es muy útil la clasificación de lógicas propuesta por Haack (1978), quien toma como marco de referencia a la lógica clásica y a partir de ésta, clasifica a aquellas lógicas que son extensiones (e.g. modal), alternativas (e.g. intuicionista) o inductivas. Con todo, esta autora toma una postura instrumentalista y argumenta convincentemente que no hay un criterio formal de demarcación para la lógica. En Aliseda (2006) presento su postura en detalle.

de lógicos reconocidos han jugado un papel importante en ambos enfoques (e.g. Gabbay, 1985), pero se reconoce que el estudio abstracto de nociones lógicas es aún muy joven y que quizá nuevas propuestas surjan para modelar y analizar estas nociones, con el fin de dar luz sobre las propiedades esenciales de las nociones lógicas bajo escrutinio.

5.2 La abducción como inferencia lógica

En lo que sigue presentaré a la abducción como un tipo de inferencia lógica, para luego caracterizarla en términos de reglas estructurales, mostrando con ello que si bien este tipo de inferencia es un tanto compleja, valida ciertas fomas de reflexividad, monotonía y corte. Para este fin, presento a la abducción como "deducción en reversa más condiciones adicionales" y hago énfasis en los aspectos que la distinguen claramente de la inferencia clásica capturados en las condiciones adicionales que se exigen. Aunque la abducción pueda modelarse con base en la inferencia lógica clásica, claramente no sigue fielmente su formato. La primera diferencia, es la *dirección* de razonamiento. En libros de texto estándar de lógica deductiva clásica, el patrón de inferencia dicta que a partir de un conjunto de premisas, se infiere una conclusión, esto es:

$$P_1, \ldots, P_n \Rightarrow C$$

Veamos ahora el comportamiento del razonamiento abductivo. En primer lugar, en la abducción el punto de partida es la conclusión C, lo que se quiere probar. Además, se tienen algunas, pero no todas las premisas necesarias para inferir la conclusión. El objetivo de la inferencia abductiva es precisamente el de obtener esas premisas "faltantes". El siguiente formato muestra la inferencia de la conclusión abductiva de P_k a partir de C y del resto de las premisas:

$$P_k \Leftarrow C, P_1, \ldots, P_{k-1}, P_{k+1}, \ldots, P_n$$

Además, las premisas inferidas abductivamente deben ser *consistentes* con el resto de las premisas, (en breve veremos la razón de este requisito). Finalmente, dado que diversos conjuntos de premisas se pueden inferir como explicaciones, necesitamos de una noción de *preferencia* para escoger entre todas las posibles, a la *mejor*. Todos estos requisitos son definitivamente no estándares con respecto a la lógica clásica, pero pueden reconocerse en nociones como el razonamiento común en inteligencia artificial y en enfoques de explicación en filosofía de la ciencia. A diferencia de la deducción, que se caracteriza por ser un proceso hacia adelante, la abducción va en sentido contrario, esto es, hacia atrás. Además, al estar sujeta a la revisión, presenta un comportamiento de lógica no-monótona, ya que las conclusiones abductivas pueden ser retractadas con la presencia de información adicional (la hipótesis de que llovió anoche debe ser desechada cuando además sabemos que estamos en época de sequía). Estas características alejan al razonamiento abductivo del razonamiento clásico matemático pero lo acercan de otros tipos de razonamiento típicos en inteligencia artificial. Estos tienen en general formatos inferenciales más ricos, aunque esto hace que sean más complejos.

A continuación modelaré en detalle algunos aspectos de la abducción. En particular, la caracterizaremos como *deducción hacia atrás más condiciones adicionales*. A través de estas condiciones se capturarán los requisitos de consistencia y de no--monotonía. En este capítulo dejaré fuera el análisis del aspecto preferencial, esto es, la manera de seleccionar la mejor explicación dentro de las posibles.[51]

Abducción como deducción en reversa

Con el fin de motivar la caracterización abductiva como "deducción en reversa", utilizamos el ejemplo paradigmático en la inteligencia artificial del razonamiento abductivo, a saber, el de la lluvia, que presentamos a continuación formalizado en lógica clásica proposicional:

Sea θ la siguiente teoría:

El patio se moja cuando llueve (ll$\rightarrow$ m)
El patio se moja cuando los aspersores de agua están prendidos (a$\rightarrow$ m)

Sea φ: El patio está mojado (m).

Esto es, en la teoría de trasfondo θ tenemos que el patio se moja si llueve o si los aspersores están prendidos. Como hecho a explicar (φ), tenemos que ha llovido. La conclusión a la que queremos llegar es φ y θ contiene solo parte de las premisas necesarias para su derivación. Para que una fórmula α sea considerada como explicación necesitamos que α junto con θ infieran a φ. Así, la primera condición para la inferencia abductiva es la siguiente:

---

[51] De hecho, mi argumento es que el aspecto preferencial no puede caracterizarse totalmente de manera formal, ya que la construcción de un orden preferencial adecuado involucra también aspectos pragmáticos (Aliseda, 2006).

Inferencia: $\theta, \alpha \models \varphi$

Sin embargo, este requisito es necesario pero no suficiente, ya que muchas fórmulas que no quisiéramos considerar como explicaciones satisfacen esta condición:

α's: ll, a, ll$\wedge$a, ll$\wedge$z, ll$\wedge\neg$m, ll$\wedge\neg$ll, a$\wedge\neg$m, m, [n, n$\rightarrow$m] ,$\theta\rightarrow$m

Esto es, además de las explicaciones antes mencionadas (ll: lluvia, a: aspersores prendidos), con este único requisito de inferencia, se filtran como explicaciones aquellas fórmulas inconsistentes con θ (eg. ll$\wedge\neg$m), el hecho mismo a explicar (m) o incluso nuevos hechos y reglas, como por ejemplo que hay niños jugando con agua y que esto causa que el patio se moje (n, n$\rightarrow$m). Es claro que varias de estas "explicaciones" deben eliminarse. Para esto, primero añadimos el requisito de consistencia sin el cual cualquier fórmula inconsistente con las premisas, contaría como explicación, pues en la noción clásica de consecuencia lógica, a partir de premisas inconsistentes, cualquier conclusión se sigue:

Consistencia: θ, α son consistentes

Imponiendo esta condición, quedan las siguientes explicaciones:

α's: ll, a, ll$\wedge$a, ll$\wedge$z, m, [n, n$\rightarrow$m] ,$\theta\rightarrow$m

Más aún, para que una explicación α sea *necesaria*, φ no debe ser consecuencia lógica de θ. La idea es capturar el hecho de que φ necesite ser explicada en primer lugar, ya que si ya fuera explicada, cualquier fórmula consistente se podría añadir como explicación, lo cual tampoco es deseable. Por lo tanto, debemos asegurar que se dé la siguiente condición: $\theta\not\models\varphi$. Por si solo, este requisito no elimina ninguna explicación potencial de la lista anterior, pues no involucra el argumento α.

Por último, queremos evitar lo que llamaríamos *explicaciones externas*, aquellas que no usan para nada premisas de la teoría de trasfondo (como la explicación anterior en nuestro ejemplo que involucra a los niños, por lo que requerimos que α sea insuficiente en sí misma para explicar a φ, esto es: $\alpha\not\models\varphi$. Esta condición restringe el vocabulario de las explicaciones al de la teoría de trasfondo y del hecho a explicar, lo cual puede ser quizá muy estricto, pero es necesario para evitar cualquier tipo de explicación en una teoría formal de la abducción. En particular, esta condición evita la explicación trivial reflexiva ($\varphi \Rightarrow \varphi$). Así, las siguientes explicaciones son las restantes:

Explicación: $\theta \not\models \varphi$, $\alpha \not\models \varphi$

Explicaciones restantes: ll, a, ll∧a, ll∧z, θ→m

Así, tanto θ como α contribuyen a explicar a φ. Sin embargo, todavía tenemos algunas fórmulas como explicaciones que no parecen ser realmente explicaciones (ll∧z, θ→m). La primera de ellas debe ser eliminada porque z sobra, pues ll ya es explicación. La segunda la eliminamos ya que θ→m es válida ($\models$ θ→m) si sólo si $\theta \models$ m, lo cual dice que el hecho a explicar ya está explicado y esto obviamente no lo queremos. Por lo tanto, vemos que aún es necesario un criterio para seleccionar la mejor explicación, dentro de las posibles.

Estilos Abductivos

Con base en la presentación anterior de las diversas condiciones para la abducción como inferencia lógica, consideramos cuatro versiones de estilos abductivos que denominamos como sigue: básico, consistente, explicativo y preferencial:

Dada θ (un conjunto de fórmulas) y φ (una proposición), α es una explicación abductiva de φ con respecto a la teoría de trasfondo θ si:

Básico:
(i) $\theta, \alpha \models \varphi$

Consistente
(i) $\theta, \alpha \models \varphi$
(ii) θ, α son consistentes

Explicativo
(i) $\theta, \alpha \models \varphi$
(ii) $\theta \not\models \varphi$

(iii) $\alpha \not\models \varphi$

Preferencial

(i) $\theta, \alpha \models \varphi$

(ii) es la mejor explicación de acuerdo a un orden preferencial previamente definido.

Claro está que podemos formar otras combinaciones, pero estas serán suficientes para mostrar las características básicas del fenómeno abductivo.[52] Así, la versión completa de la abducción como inferencia lógica requiere de que la fórmula que se abduce sea parte de la derivación, consistente, explicativa y la mejor de todas las posibles.

Con lo anterior hemos visto que la abducción como inferencia lógica se caracteriza como deducción para atrás más condiciones adicionales. Sin embargo: ¿es esto todo lo que se puede decir de la lógica de la abducción? Esta definición no nos dice mucho acerca de cuáles son los principios de racionalidad que rigen a la lógica abductiva, como por ejemplo, cuáles son las condiciones bajo las cuales se pueden agregar nuevas premisas sin invalidar conclusiones ya derivadas (monotonía). Para una caracterización más sistemática de uno de los estilos abductivos, haré uso del análisis estructural que ya hemos introducido en la sección anterior.

5.3 Estilos de inferencia y reglas estructurales

En la primera sección mencioné el enfoque según el cual una noción de inferencia lógica puede caracterizarse por medio de las reglas estructurales que satisface. Para entender esta perspectiva en más detalle, resulta útil saber cómo se caracteriza en él la inferencia deductiva clásica. Recordemos que usamos secuentes lógicos, esto es, expresiones de la forma $\Delta \Rightarrow C$ donde Δ representa a un número finito de premisas y C a la conclusión.

---

[52] Nótese que estos requisitos no dependen de que el tipo de consecuencia sea el clásico. Por ejemplo, $\models$ puede sustituirse por consecuencia estadística. En este caso, el requisito de consistencia concierne también a φ, ya que en el razonamiento probabilístico es posible inferir conclusiones contradictorias aunque las premisas sean consitentes. La condición de ser explicativa puede capturarse como que la explicación α ayuda a incrementar la probabilidad del explanandum φ. Véase Aliseda (2006) para un análisis mas extenso.

Inferencia Clásica

Las reglas estructurales de la inferencia clásica son las siguientes ($\Rightarrow$ es $\models$):

Reflexividad: $\qquad\qquad C \Rightarrow C$

Contracción:

$$\Delta_1, A, \Delta_2, A, \Delta_3 \Rightarrow C$$
$$\overline{\qquad\qquad\qquad\qquad}$$
$$\Delta_1, A, \Delta_2, \Delta_3 \Rightarrow C$$

Permutación:

$$\Delta_1, A, B, \Delta_2 \Rightarrow C$$
$$\overline{\qquad\qquad\qquad\qquad}$$
$$\Delta_1, B, A, \Delta_2 \Rightarrow C$$

Monotonía:

$$\Delta_1, \Delta_2 \Rightarrow C$$
$$\overline{\qquad\qquad\qquad\qquad}$$
$$\Delta_1, A, \Delta_2 \Rightarrow C$$

Corte:

$$\Delta_1, A, \Delta_2, \Rightarrow C \qquad\qquad \Delta_3 \Rightarrow A$$
$$\overline{\qquad\qquad\qquad\qquad\qquad\qquad\qquad}$$
$$\Delta_1, \Delta_3, \Delta_2 \Rightarrow C$$

Estas reglas capturan las siguientes propiedades de la consecuencia clásica. Toda premisa se infiere a si misma (reflexividad), no hay problema si se eliminan premisas repetidas (contracción); las premisas se pueden permutar sin alterar por esto la validez de la conclusión (permutación), añadir nuevas premisas no invalida conclusiones previas (monotonía) y las premisas se pueden reemplazar por secuentes de premisas que las implican (corte). Estas reglas nos permiten tratar a las premisas como conjuntos de datos sin preocuparnos por estructura adicional. Éstas juegan un papel importante en lógica clásica, de hecho, en algunos textos introductorios de lógica, se presentan como "propiedades básicas de la noción de consecuencia" y se usan también extensamente en pruebas de completud de la lógica clásica.

Estas reglas son estructurales porque no hacen ni uso ni mención de símbolos específicos del lenguaje lógico. En particular, no aparece ningún conectivo ni cuantificador lógico.[53] Por lo tanto, una regla específica puede ser compartida por varias lógicas: proposicional, de primer orden, modal, etcétera.[54]

Reglas estructurales de la abducción

Para tipos de consecuencia diferentes de la consecuencia clásica, como lo es la abductiva, algunas o todas las reglas estructurales clásicas pueden fallar. Sin embargo, esto no quiere decir que no haya otras reglas estructurales que sí se cumplan. El punto central consiste en ofrecer reformulaciones apropiadas de los principios clásicos o en construir reglas estructurales totalmente nuevas que validen el patrón inferencial en cuestión. En esta sección mostraré las reglas estructurales para uno de los estilos abductivos que propuse, a saber, la abducción consistente. Reescribimos su definición:

Abducción Consistente

Dada θ (un conjunto de fórmulas) y φ (una proposición), α es una explicación abductiva de φ con respecto a la teoría de trasfondo θ si:

$\theta, \alpha \vDash \varphi$

θ, α son consistentes

De las reglas estructurales clásicas, la contracción y la permutación son válidas para la abducción consistente, pues el añadir la condición de consistencia no afecta ni la omisión de premisas repetidas ni el orden de las mismas.[55] Sin embargo, esta condición de consistencia ocasiona la pérdida de tres de las reglas estructurales más básicas e intuitivas de la noción de consecuencia clásica, a saber, la reflexividad, la monotonía y el corte. A continuación mostramos contraejemplos de cada una de ellas:

Reflexividad: $p, \neg p \nvDash p \wedge \neg p$

---

[53] Esta propiedad las distingue de reglas inferenciales como lo son, la conjunción de consecuentes o la disyunción de antecedentes, las cuales llevan implícito el significado de los conectivos lógicos de conjunción y disyunción.

[54] El teorema de representación para la inferencia clásica estipula que las reglas estructurales de monotonía, contracción, reflexividad y corte caracterizan completamente a la consecuencia clásica. Véase Aliseda (2006) para su demostración.

[55] Estas propiedades se pierden en la lógica lineal y en la dinámica, donde respectivamente, cada ocurrencia de una premisa es vista como un proceso individual y la concatenación de procesos es sensible al orden.

En la abducción consistente, no es automático que todo conjunto de premisas se infiera asimismo, ya que éstas pueden ser contradictorias entre sí, tal y como lo muestra este contraejemplo.

Monotonía: $p \vDash p$ pero $p, \neg p \nvDash p \wedge \neg p$

Tampoco es posible asegurar que se mantiene la validez de una conclusión al agregar una premisa, pues ésta puede ser inconsistente con lo anterior, como lo muestra este contraejemplo:

Corte: $p, q \vDash q$ y $p, \neg q \vDash p$ pero $p, \neg q, p \nvDash q$

Por último, con las siguientes interpretaciones: $\Delta_1 = \varnothing, \Delta_2 = q, \Delta_3 = p, \neg q, A = p$ y $C = q$, obtenemos este contraejemplo para el corte clásico. Para obtener formas apropiadas de reflexividad, monotonía y corte abductivo consistentes, es necesario capturar la condición de consistencia en las reglas estructurales. A continuación presento mi propuesta.

Reflexividad Abductiva

La reflexividad abductiva consistente, es una forma de reflexividad condicionada, que formulamos a través de las siguientes reglas:

Reflexividad Izquierda: (RI)

$$A \Rightarrow C$$
$$\text{----------}$$
$$A \Rightarrow C$$

Reflexividad Derecha: (RD)

$$\Delta \Rightarrow A$$
$$\text{----------}$$
$$A \Rightarrow A$$

Para que una premisa se infiera a si misma $(A \Rightarrow A)$, la primera de estas reglas asegura que A es consistente al requerir que de ella se derive *consistentemente* alguna otra conclusión C (RI); la segunda requiere que A se derive a partir de algún secuente Δ consistentemente (RD). Estas son formas de reflexividad condicionada, o bien por el lado izquierdo o por el derecho.

Monotonía Consistente

Muchos tipos de inferencia no-monótona satisfacen una forma más débil de monotonía, usualmente llamada *monotonía cauta*. Premisas adicionales se pueden acomodar sin alterar la validez de la conclusión cuando éstas premisas implican a dicha conclusión:

Monotonía Cauta:

$$\Delta \Rightarrow C \qquad \Delta \Rightarrow A$$
$$\text{-----------------------------}$$
$$\Delta, A \Rightarrow C$$

Es claro que la abducción consistente valida esta regla, ya que si Δ deriva consistentemente a A, entonces por definición de consecuencia clásica, éstas dos son consistentes entre sí. Por ejemplo, si se tiene que la presencia de aspersores(a) implica que hay agua (H_2O), podríamos agregar ésta última sin problemas:

$$\Delta ,a \Rightarrow m \qquad a \Rightarrow H_20$$
$$\text{------------------------------------}$$
$$\Delta, a, H_20 \Rightarrow m$$

Sin embargo, requerir la derivación Δ a A (de a a H_20) es demasiado fuerte, cuando solo necesitamos que éstas sean consistentes entre sí. Por ejemplo, los hechos de que "llueve" y "hay sol" son consistentes entre sí sin que por ello se impliquen (aunque su existencia simultánea implique la aparición del arcoíris). Por lo tanto, propongo otra forma de monotonía aún más débil, en donde sólo se requiere que $\Rightarrow$ satisfaga que las premisas sean consistentes, lo que capturamos como que impliquen consistentemente algo más. Esto es,

Monotonía Consistente:

$$\Delta \Rightarrow C \qquad \Delta, A \Rightarrow B$$
$$\text{------------------------------------}$$
$$\Delta, A \Rightarrow C$$

Ejemplo:

$$\Delta ,a \Rightarrow m \qquad \Delta, a, H_20 \Rightarrow a$$
$$\text{---}$$
$$\Delta, a, H_20 \Rightarrow m$$

Corte Consistente

Por último, propongo la siguiente formulación de corte como la apropiada para este estilo de inferencia abductiva:

Corte Consistente (CC):
$$\Delta \Rightarrow A_1 \ \dots \ \Delta \Rightarrow A_k \qquad A_1,\dots, A_k \Rightarrow C$$
$$\Delta \Rightarrow C$$

Esta versión de corte es una combinación de corte y contracción clásica. Esto es, el secuente $A_1,\dots, A_k$ puede ser omitido en la conclusión si cada uno de sus elementos A_i es derivado consistentemente a partir de Δ y todos éstos en su conjunto derivan consistentemente a C.

Con lo anterior, hemos mostrado que la abducción consistente, definida como consecuencia lógica clásica más la condición de consistencia, tiene formas apropiadas de reflexividad, monotonía y corte, formuladas con las reglas de reflexividad izquierda y derecha y de monotonía y corte consistentes. Como hemos dicho, la permutación y la contracción clásica no se afectan por la condición de consistencia, por lo que sus formas clásicas permanecen válidas.

Esta caracterización nos muestra que es posible razonar con reglas estructurales diferentes a las clásicas y con ellas estudiar sistemáticamente formas de inferencia que simulan tipos de razonamiento no clásicos, como lo es el abductivo consistente.[56] Asimismo, si bien no hemos probado el criterio de demarcación propuesto para la Lógica, esto es, que todo sistema que se precie de ser lógico debe validar alguna forma de monotonía, corte y reflexividad, al menos lo he mostrado para el caso particular de un estilo de inferencia abductiva.

5.4 Conclusiones

En este capítulo propuse una formalización del razonamiento abductivo como inferencia lógica, esto es, como deducción en reversa más condiciones

---

[56] Para la prueba de la correctud de estas reglas y el teorema de representación, el lector interesado puede remitirse a Aliseda (2006).

adicionales. Además, ofrecí reglas estructurales para el estilo de abducción consistente.

Sin embargo, a pesar de haber sido exitosos en estas formulaciones, puede surgir la duda de en qué sentido la caracterización estructural de la abducción es su lógica, o más bien, en qué sentido nos ofrece pistas para su caracterización sintáctica o semántica. Además, todavía pudiera quedar a discusión si el razonamiento abductivo puede de hecho considerarse como *lógico* y no es más apropiado decir simplemente que es un tipo de razonamiento. Después de todo, al admitir que el razonamiento abductivo es lógico, estamos aceptando un sistema que sólo produce conclusiones tentativas y no certezas como sucede en el razonamiento deductivo. Precisemos estas preguntas a continuación:

> ¿En qué sentido las reglas estructurales de la inferencia abductiva consistente caracterizan a su lógica?

> Las inferencias no clásicas ¿son realmente *lógicas*?

Con respecto a la primera pregunta, su respuesta refiere a un problema técnico matemático, ya que implica en un principio reformular el teorema de representación en un teorema de completud, para un lenguaje lógico sin operadores (pues las reglas son estructurales puras, sin conectivos lógicos). Además, para dar una caracterización sintáctica de la abducción, se puede explorar la extensión del lenguaje lógico añadiendo axiomas y operadores para poder formular reglas con conectivos y con esto construir un cálculo lógico abductivo (esto se explora en Aliseda, 2006). Esta forma de proceder, en la que se obtiene una sintaxis a partir de la caracterización estructural, ha tenido resultados exitosos para algunas lógicas dinámicas, relevantes y categoriales, pero ha fallado en el caso de otras lógicas. En cuanto a la semántica abductiva, también hay trabajo exploratorio en este sentido, utilizando una versión extendida de las tablas semánticas (véase Aliseda, 2006). Sin embargo, se conjetura que las versiones abductivas más completas (como la que involucran a todas las condiciones) producen lógicas incompletas.

Con respecto a la segunda pregunta, su respuesta se reduce a una cuestión terminológica de lo que queramos aceptar con el término *Lógica*. Para esta discusión, ofrecemos la siguiente analogía con el surgimiento de las geometrías no Euclidianas. La geometría Euclidiana se consideraba el único tipo de geometría hasta que el quinto postulado (el axioma de las paralelas) se rechaza, preparando así el terreno para otras geometrías. Las más prominentes fueron dos: la de Lobachevsky que admite más de una paralela y la de

Riemann que no admite ninguna. La legitimidad de estas geometrías generó inicialmente muchas dudas, pero su impacto creció gradualmente. Esta analogía puede llevarse mucho más lejos ya que estas nuevas geometrías eran usualmente llamadas "meta-geometrías". En nuestro contexto, no es la geometría lo que ocupa nuestro espacio, sino estilos de razonamiento, y no hay un único postulado sino varios principios de racionalidad. Rechazar la monotonía nos produce toda una familia de lógicas no-monótonas y el rechazo de la permutación da lugar a la familia de las inferencias dinámicas (donde las premisas son vistas como procesos computacionales, y por lo tanto el orden de aplicación es determinante para el resultado). Por otro lado, la lógica lineal se crea al rechazar el principio de contracción. Todas estas lógicas alternativas pueden encontrar su corroboración empírica, y reflejar así diferentes *modos* de razonamiento humano.

Preguntar sobre si los modos de razonar no clásicos son realmente *lógicos* es como preguntar si las geometrías no Euclidianas son en realidad geometrías. La cuestión, en mi opinión, es meramente terminológica y podemos decidir --como ya lo ha hecho Quine en otra ocasión-- en conceder a los lógicos ortodoxos que la palabra *lógica* se refiera exclusivamente al modo de razonar clásico matemático y usar la palabra *razonamiento* o cualquier otro sinónimo de nuestro gusto, para describir modos de pensamiento racional, clásicos y no clásicos.

En todo caso, el análisis de los modos de razonar con el marco estructural que usamos en este capítulo, ayudó a esclarecer las reglas generales del razonamiento abductivo, sea éste considerado o no como lógico.

BIBLIOGRAFÍA

Aliseda, A. (1997), *Seeking Explanations: Abduction in Logic, Philosophy of Science and Artificial Intelligence*, tesis de doctorado, departamento de Filosofia, Universidad de Stanford, publicada por el "Institute for Logic, Language and Computation", Holanda, Universidad de Amsterdam.

Aliseda, A. (1998), "La Abducción como Cambio Epistémico: Charles S. Peirce y Teorías Epistémicas en Inteligencia Artificial", *Analogía Filosófica*, en su número especial: "Charles S. Peirce y la Abducción", XII (1): 125-144.

Aliseda, A. (2000), "Heurística, Hipótesis y Demostración en Matemáticas", en Velasco, A. (coord.), *El Concepto de Heurística en las Ciencias y las Humanidades*, Centro de Investigaciones Interdisciplinarias en Ciencias y Humanidades, Colección Aprender a Aprender, Ciudad de México, Universidad Nacional Autónoma de México (UNAM) y Siglo XXI Editores, pp. 58-74.

Aliseda, A. (2001), "Lógica y Razonamiento: El caso de la Lógica Abductiva", manuscrito inédito en español.

Aliseda, A. (2003), "Abducción y Pragmati(ci)smo en C.S. Peirce", en Cabanchik, S., Penelas, F. y Tozzi, V. (eds.), *El Giro Pragmático en la Filosofía*, Argentina, Gedisa, pp. 261-272.

Aliseda, A. (2004), "Sobre la Lógica del descubrimiento científico de Karl Popper", Suplemento 11 (Monográfico Popper) de *Signos Filosóficos*, Universidad Autónoma Metropolitana, pp. 115-130.

Aliseda, A. (2005), "Lógica: El problema de la demarcación", en *Representación y Logicidad*, Sevilla, Editorial Fénix Editora, pp. 1-7.

Aliseda, A. (2006), *Abductive Reasoning: Logical Investigations into Discovery and Explanation*, Synthese Library, Volume 330, Springer.

Aliseda, A. (2007), "Abductive Reasoning: Challenges Ahead", *Theoria, An International Journal for Theory, History and the Foundations of Science*, 22 (60): 261-270.

Aliseda, A. (2007), "Emerge una nueva disciplina: Las Ciencias Cognitivas", *Ciencias: revista de difusión de la facultad de ciencias* de la Universidad Nacional Autónoma de México, 88 (octubre-diciembre), pp. 22-31.

Aliseda, A. (2008), "La Desilusión del Guajolote o la Lógica Inductiva", en *Voces Académicas, Gaceta de la Universidad Nacional Autónoma de México (UNAM)*, 29 de septiembre del 2008, p. 12.

Aliseda, A. (2011a), "Abducción", en Vega, L. y Olmos P. (coords.), *Compendio de Lógica, Argumentación y Retórica*, Madrid, Trotta, pp. 17-22.

Aliseda, A. (2011b), "Sobre la Lógica de las Expectativas", *Estudios Filosóficos*, LX (173): 81-90.

Aliseda, A. (2011c) "La Heurística: Una Forma de Racionalidad", en Pérez Ransanz, A.R. y Velasco Gómez, A. (coords.), *Racionalidad en Ciencia y Tecnología. Nuevas perspectivas iberoamericanas*, Serie del Seminario sobre Sociedad del Conocimiento y Diversidad Cultural, Universidad Nacional Autónoma de México (UNAM), Ciudad de México, Dirección General de Publicaciones, pp. 293-300.

Anderson, D. (1986), "The Evolution of Peirce's Concept of Abduction", *Transactions of the Charles S. Peirce Society*, 22(2):145-164.

Anderson, D. (1987), *Creativity and the Philosophy of C.S. Peirce*, Martinus Nijhoff Philosophy Library, volume 27, Martinus Nijhoff Publishers.

Ayim, M. (1974), "Retroduction: The Rational Instinct", *Transactions of the Charles S. Peirce Society*, 10(1):34-43.

van Benthem, J. (1985), "The variety of consequence, according to Bolzano", *Studia Logica*, 44: 389-403.

van Benthem, J. (1992), "Logic as Programming", *Fundamenta Informaticae*, 17(4): 285-318.

van Benthem, J. (2007), "Abduction at the interface of Logic and Philosophy of Science", *Theoria, An International Journal for Theory, History and the Foundations of Science*, 22(60): 271-273.

Bichieri, C. (2008), "How Expectations Affect Behaviour. Fairness Preferences or Fairness Norms?", en Krueger, J.I. (ed.), *Rationality and Social Responsability. Essays in Honor of Robyn Mason Dawes*, Nueva York, Psychology Press, pp. 187-214.

Bovens L. y Hartmann S. (2003), *Bayesian Epistemology*, Oxford, Clarendon Press.

Boutilier, C. y Becher, V. (1995), "Abduction as Belief Revision", *Artificial Intelligence*, 77 (1): 43-94.

Campos D.G. (2009), On the Distinction Between Peirce's Abduction and Lipton's Inference to the Best Explanation, *Synthese*, 180(3): 419-442.

Castrillo, P. (ed.) (1988), *Escritos Lógicos (Charles S. Peirce)*, Alianza Universidad, Madrid, Alianza Editorial, volumen 538.

Douven, I. (2011), "Abduction", en Zalta, E.N. (ed.), *The Stanford Encyclopedia of Philosophy*, from http://plato.stanford.edu/archives/spr2011/entries/abduction/.

Dung, P. H. (1995), "On the Acceptability of Arguments and its Fundamental Role in Nonmonotonic Reasoning, Logic Programming and N-persons Games", *Artificial Intelligence*, 77:321-357.

Eraña, A. y Mateos, G. (eds.) (2009), *La Cognición como Proceso Cultural*, Centro de Investigaciones Interdisciplinarias en Ciencias y Humanidades, Colección Aprender a Aprender, Ciudad de México, Universidad Nacional Autónoma de México (UNAM).

Fann, K.T. (1970), *Peirce's Theory of Abduction*, The Hague, Martinus Nijhoff.

Flach, P. y Kakas, A. (eds). (2000), *Abductive and Inductive Reasoning: Essays on their Relation and Integration*, Applied Logic Series, Kluwer Academic Publishers.

Fodor J. A. (2000), *The Mind doesn't work that way: The scope and limits of computational psychology*, Cambridge, MIT Press.

Frankfurt, H. (1958), "Peirce's Notion of Abduction", *The Journal of Philosophy*, 55(14): 593-597.

van Fraassen, B.C. (1980), *The Scientific Image*, Oxford University Press.

Gabbay, D.M. (1985), "Theoretical foundations for non-monotonic reasoning in expert systems", en Apt, K. (ed), *Logics and Models of Concurrent Systems*, Berlin, Springer Verlag, pp. 439-459.

Gabbay, D. M. (ed.) (1994), *What is a Logical System?*, Oxford, Clarendon Press.

Gabbay, D.M. (1996), *Labelled Deductive Systems*, Oxford, Oxford University Press.

Gabbay, D.M. y Woods, J. (2005), *A Practical Logic of Cognitive Systems. Volume 2. The Reach of Abduction, Insight and Trial*, Amsterdam, Elsevier.

Gärdenfors, P. (1988), *Knowledge in Flux: Modeling the Dynamics of Epistemic States*, Boston, MIT Press.

Gillies, D. (1996), *Artificial Intelligence and Scientific Method*, Oxford, Oxford University Press.

Groner, M., Groner, R. y Bischof, W.F. (1983), "Approaches to Heuristics: A Historical Review", en Groner, R., Groner, M. y Bischof, W.F. (eds), *Methods of Heuristics*, New Jersey-London, Lawrence Erlbaum Associates, Publishers, pp. 1-18.

Haack, S. (1978), *Philosophy of Logics*, New York, Cambridge University Press.

Haack, S. (1982), *Filosofía de las Lógicas*, Barcelona, Editorial Cátedra, publicado originalmente como Haack (1978).

Hanson, N.R. (1961), *Patterns of Scientific Discovery: An inquiry into the conceptual foundations of science*, Cambridge, Cambridge University Press.

Hanson, N.R. (1977), *Patrones de Descubrimiento*, Alianza Universidad, versión española de Enrique García Camarero, Madrid, Alianza Editorial, publicado originalmente como Hanson (1961).

Harman, G.H. (1965), "The Inference to the Best Explanation", *The Philosophical Review* , 4(1):88–95.

Hintikka, J. y Remes, U. (1974), *The Method of Analysis: Its Geometrical Origin and Its General Significance*, Dordrecht, D. Reidel Publishing Company.

Hintikka, J. y Remes, U. (1976), "Ancient Geometrical Analysis and Modern Logic", en Cohen, R.S. (ed), *Essays in Memory of Imre Lakatos*, Dordrecht, D. Reidel Publishing Company, pp. 253-276.

Hintikka, J. (1998), "What is Abduction? The Fundamental Problem of Contemporary Epistemology", *Transactions of the Charles S. Peirce Society*, 34(3): 503–533.

Hobbs, J.R., Stickel, M. Appelt, D. y Martin P.(1990), "Interpretation as Abduction", *SRI International, Technical Note 499*, Artificial Intelligence Center, Computing and Engineering Sciences Division, Menlo Park, CA.

Hobbs, J.R. (2008), "Abduction in natural language understanding", en *The Handbook of Pragmatics*, Blackwell Publishing Ltd, pp. 724-741.

Hookway, C (1992). *Peirce*, London, Routledge.

Hookway, C. (2012), *The Pragmatic Maxim: Essays on Peirce and Pragmatism*, Oxford, Oxford University Press.

Iranzo, V. (2011), "Inferencia de la Mejor Explicación", en Vega, L. y Olmos P. (coords.), *Compendio de Lógica, Argumentación y Retórica*, Madrid, Trotta, pp. 301-304.

Kakas, A., Kowalski, R., y Toni, F. (1995), "Abductive Logic Programming", *Journal of Logic and Computation*, 2(6): 719-770.

Kapitan, T. (1990), "In What Way is Abductive Inference Creative?", *Transactions of the Charles S. Peirce Society*, 26(4):499-512.

Kapitan, T. (1997), "Peirce and the Structure of Abductive Inference", en Houser, N., Roberts, D.D y James Van Evra (eds.) *Studies in the Logic of Charles Sanders Peirce*, Indiana, Indiana University Press.

Konolige, K. (1996), "Abductive Theories in Artificial Intelligence", en Brewka, G. (ed.), *Principles of Knowledge Representation*, Stanford University, Palo Alto, Center for the Study of Language and Information (CSLI) Publications, pp. 129-152.

Kraus, S., Lehmann, D. y Magidor, M. (1990), "Nonmonotonic Reasoning, Preferential Models and Cumulative Logics", *Artificial Intelligence*, 44:167-207.

Kuipers, T. (2000), *From Instrumentalism to Constructive Realism: On Some Relations Between Confirmation, Empirical Progress, and Truth Approximation*, Synthese Library 287, Dordrecht, Kluwer Academic Publishers.

Lakatos, I. (1976), *Proofs and Refutations. The logic of mathematical discovery*, Cambridge, Cambridge University Press.

Lakatos, I. (1978), *Pruebas y Refutaciones. La lógica del descubrimiento matemático*, versión española de Carlos Solís, Madrid, Alianza Universidad, 2ª reimpresión, 1986, publicado originalmente como Lakatos (1976).

Langley, P., Simon, H., Bradshaw, G. y Zytkow, J. (1987), *Scientific Discovery. Computational Explorations of the Creative Processes*, Cambridge, MIT Press/Bradford Books.

Laudan, L. (1980), "Why Was the Logic of Discovery Abandoned?", en Nickles, T. (compilador), *Scientific Discovery, Logic and Rationality*, Boston Studies in the Philosophy and History of Science 56, Dordrecht, Kluwer Academic Publishers, pp. 173–183.

Leitgeb, H. (guest editor) (2008), *Psychologism in Logic?*, special issue of *Studia Logica. An International Journal for Symbolic Logic*, 88 (1).

Lipton P. (2004), *Inference to the best explanation*, London, Routledge.

Mackonis, A. (2013), "Inference to the best explanation, coherence and other explanatory virtues", *Synthese*, 190(6): 975-995.

Magnani, L. (2001), *Abduction, Reason, and Science: Processes of Discovery and Explanation*, New York, Kluwer Plenum.

Magnani, L., Carnielli, W. y Pizzi, C. (eds.) (2010), *Model-Based Reasoning in Science and Technology Abduction, Logic, and Computational Discovery*, Series Studies in Computational Intelligence, Volume 314, Heidelberg, Berlin, Springer.

Magnani, L., Carnielli, W. y Pizzi, C. (guest editors) (2012), *Formal Representations in Model-based Reasoning and Abduction*, special issue of *Logic Journal of the IGPL*.

Marcos, A. (2011), "Ontología de la Creatividad Humana", *Cadernos Ufs Filosofia* 7, 13(9): 33-49.

Mayer, M.C. y Pirri, F. (1993), "First order abduction via tableau and sequent calculi", *Bulletin of the IGPL*, 1:99-117.

Mill, J.S. (1858), *A System of Logic*. New York, Harper & brothers. Reimpreso en Robson, J.M. (ed) (1958), *The Collected Works of John Stuart Mill*, London, Routledge and Kegan Paul.

Miller, D. (comp) (1983), *A Pocket Popper*, Fontana Paperbacks, Oxford, Oxford University Press.

Miller, D. (comp.) (1995), *Popper: escritos selectos*, traducción de Sergio René Madero Báez, México, Fondo de Cultura Económica, publicado originalmente como Miller (1983).

Musgrave, A. (1989), "Deductive Heuristics", en K. Gavroglu *et al.* (comps.), *Imre Lakatos and Theories of Scientific Change*, Dordrecht, Kluwer Academic Publishers, pp. 15–32.

Newell, A. y Simon, H.A. (1972), *Human Problem Solving*, Englewood Cliffs, New Jersey Prentice Hall.

Ohlbach, H.J. y Reyle, U. (1999), "Research Themes of Dov Gabbay", en Ohlbach, H.J. y Reyle, U. (eds.), *Logic, Language and Reasoning. Essays in Honour of Dov Gabbay*, Dordrecht, Kluwer Academic Publishers, pp. 13-30.

Pagnucco, M. (1996), *The Role of Abductive Reasoning within the Process of Belief Revision*. Tesis de doctorado. Departamento de Computación. Universidad de Sidney, Australia.

Peng, Yung and Reggia, James A (1990), *Abductive Inference Models for Diagnostic Problem-Solving*. New York, Springer-Verlag.

Peirce, C.S.(1931-1958)[57], *Collected Papers* (CP), vols 1-8, Hartshorne, C., Weiss, P. y Burks, A.W. (eds). Cambridge, MA: Harvard University Press.

---

[57] Las citas que refieran a esta obra se escriben así: (CP, pasaje), siguiendo la convención internacional. En esta obra se compila y ordena el trabajo de Charles Peirce

Peirce, C.S. (1955), "The Fixation of Belief"[58], en Buchler, J. (ed), *Philosophical Writings of Peirce*, New York, Dover Publications.

Peirce, C.S. (1967), Microfilm edition of the manuscripts of C.S. Pierce (MS), en Robins, R.S. (ed.), *Annotated Catalogue of the Papers of Charles S. Peirce*, Amherst, University of Massachusetts Press.

Peirce, C.S. (1976), *The New Elements of Mathematics by Charles S. Peirce* (NEM), en Eisele, C. (ed.), The Hague-Paris, Mouton Publishers.

Pérez Ransanz, A.R. (2007), "¿Qué queda de la distinción entre contexto de descubrimiento y contexto de justificación?", *Theoria, An International Journal for Theory, History and Foundations of Science*, 22(60):347-350.

Polya, G. (1945), *How to Solve it. A new aspect of mathematical method*, Princeton, Princeton University Press.

Polya, G. (1954), *Mathematics and plausible reasoning*, Princeton, Princeton University Press (segunda edición, 1968).

Polya, G. (1965), *Cómo plantear y resolver problemas*, traducción de Julián Zugazagoitia, Ciudad de México, F. Trillas, reimpresión, 2008, publicado originalmente como Polya (1945).

Polya, G. (1966), *Matemáticas y razonamiento plausible*, traducción de José Luis Abellán, Madrid, Tecnos, publicado originalmente como Polya (1954).

Popper, K. (1934a), *Logik der Forschung*, Springer.

Popper, K. (1934b), "El método científico (1934)", en Miller (1995), incluye el final de la sección 1, las secciones 2 y 3 y el capítulo II de Popper (1959).

Popper, K. (1959)[59], *The Logic of Scientific Discovery*, Londres, Hutchinson (11a. reimpresión, 1979), publicado originalmente como Popper (1934a).

Popper, K. (1960a), "Conocimiento sin autoridad (1960)", en D. Miller (1995), introducción a Popper (1972).

Popper, K. (1960b), "El desarrollo del conocimiento científico (1960)", en Miller (1995), capítulo 10 de Popper (1972).

Popper, K. (1962), *La lógica de la Investigación Científica*, traducción de Víctor Sánchez de Zavala, Madrid, Tecnos, 2ª edición, 2008, publicado originalmente como Popper (1959).

en ocho volúmenes. Materiales posteriores o publicados en antologías se registran en las siguientes entradas bibliográficas.

[58] La traducción castellana de este ensayo por José Vericat está disponible en la siguiente dirección electrónica: http://www.unav.es/gep/FixationBelief.html

[59] Las referencias a la obra de Popper se basan principalmente en Popper (1962) y Popper (1994). Sin embargo, con respecto a la segunda, tomamos las citas directamente de Miller (1995), una selección de ensayos donde se identifican las fechas originales de publicación de las distintas partes que componen esta obra.

Popper, K. (1972), *Conjectures and Refutations: The Growth of Scientific Knowledge*, Londres, Routledge & Kegan Paul, 4ª edición.

Popper, K. (1973), *Objective Knowledege: An evolutionary approach*, Oxford, Oxford University Press (1ª reimpresión).

Popper, K. (1974), *Conocimiento Objetivo. Un enfoque evolucionista*, traducción de Carlos Solís Santos, Madrid, Tecnos, publicado originalmente como Popper (1973).

Popper, K. (1976), *Undended quest: An intelectual autobiography*, Glasgow, Fontana Collins (5ª reimpresión).

Popper, K. (1994), *Conjeturas y Refutaciones: El desarrollo del conocimiento científico*, traducción de Néstor Míguez, Barcelona, Paidós Básica (4ª reimpresión, 1994), publicado originalmente como Popper (1972).

Popper, K. (2007), *Búsqueda sin término. Una autobiografía intelectual*, 3a. edición, traducción de Carmen García Trevijano, Madrid, Tecnos, publicado originalmente como Popper (1976).

Pople, H.E. (1973), "On The Mechanization of Abductive Logic", en *Proceedings of the third international conference on artificial intelligence* (IJCAI-73), Stanford, CA. Morgan Kauffmann, pp. 147-152.

Prakken, H. y Vreeswijk, G. (2002), "Logic for Defeasible Argumentation", en Gabbay, D. y Guenthner, F. (eds.), *Handbook of Philosophical Logic*, Volume 4, Dordrecht, Kluwer Academic Pubishers, pp. 218-319.

Reichenbach, H. (1938), *Experience and Prediction*, Chicago, University of Chicago Press.

Reichenbach, H. (1953), *Experiencia y Predicción*, México, Fondo de Cultura Económica, publicado originalmente como Reichenbach (1938).

Reilly, F.E. (1970), *Charles Peirce's Theory of Scientific Method*, New York, Fordham University Press.

Reiter, R. (1980), "A Logic for default reasoning", *Artificial Intelligence*, 13 (1,2): 81-132.

Rescher, N. (1978), *Peirce's Philosophy of Science. Critical Studies in His Theory of Induction and Scientific Method*, University of Notre Dame.

Russell, B. (1948), *Human Knowledge: Its Scope and Limits*, Londres, Routledge.

Russell, B. (1964), *El Conocimiento Humano. Su Alcance y sus Limitaciones*, traducción de Antonio Tovar, Madrid, Taurus, publicado originalmente como Russell (1948).

Russell, B. (1974), *The Art of Philosophizing and Other Essays*, Totowa, Littlefield, Adams & Co.

Sabines, J. (1991), *Otro Recuento de Poemas* (1950-1991), Ciudad de México, Joaquín Mortiz.

Savary, C. (1995), "Discovery and its Logic: Popper and the 'Friends of Discovery' ", *Philosophy of the Social Sciences*, 25 (3): 318-344.

Scott, D. (1971), "On Engendering an Illusion of Understanding", *Journal of Philosophy*, 68:787-808.

Sharp, R. (1970), "Induction, Abduction, and the Evolution of Science", *Transactions of the Charles S. Peirce Society*, 6(1):17-33.

Simon, H.A. (1973a), "Does Scientific Discovery Have a Logic?", en Simon, H.A. (1977), pp. 326-337, publicado originalmente en *Philosophy of Science* 40:471-480, 1973.

Simon, H. A. y Groen, G. (1973b), "Ramsey Eliminability and the Testability of Scientific Theories, en Simon, H.A. (1977), pp. 403-421, publicado originalmente en *British Journal for the Philosophy of Science*, 24:357-408, 1973.

Simon, H.A. (1977), *Models of Discovery and Other Topics in the Methods of Science*, Boston Studies in the Philosophy and History of Science 54, Dordrecht, Boston, Reidel Publishing Company.

Thagard, P.R. (1977), "The Unity of Peirce's Theory of Hypothesis", *Transactions of the Charles S. Peirce Society*, 13(2):112-123.

Thagard, P.R. (1992), *Conceptual Revolutions*, Princeton, Princeton University Press.

Toulmin, S. (1958), *The Uses or Argument*, Cambridge, Cambridge University Press.

Toulmin, S. (2007), *Los Usos de la Argumentación*, traducción de María Morrás y Victoria Pineda, Barcelona, Editorial Península, publicado originalmente como Toulmin (1958).

Tversky, A. y Kahneman, D. (1974), "Judgment Under Uncertainty: Heuristics and Biases", *Science 27*, 185(4157): 1124-1131.

Velasco Gómez, A. (2011), "Heurística, Racionalidad y Verdad", *Cadernos Ufs Filosofia 7*, 13(9): 65-76.

Woods, J. (2002), "Speaking Your Mind: Inarticulateness Constitutional and Circumstantial", *Argumentation* 16: 59-78.

www.ingramcontent.com/pod-product-compliance
Lightning Source LLC
Chambersburg PA
CBHW071525200326
41519CB00019B/6064